内蒙古师范大学
70周年校庆
70th ANNIVERSARY OF
INNER MONGOLIA NORMAL UNIVERSITY

U0234898

内蒙古师范大学七十周年校庆学术著作出版基金资助出版

生态敏感区（域）人—地系统空间均衡研究 ——以锡林郭勒盟为例

阿荣 著

北京理工大学出版社
BEIJING INSTITUTE OF TECHNOLOGY PRESS

内容简介

本书以牧区人—地系统为研究对象，从"格局—过程—机理—优化"思路出发，采用综合多源数据和多学科交叉理论与方法，系统揭示生态敏感区（域）人—地系统耦合演化规律及耦合共生发展机制，为牧区可持续发展提供科学依据与决策支持，对于解决牧区人地关系矛盾提出了可供借鉴的途径与方法。全书结构分明、脉络清晰、内容丰富，是一本质量上乘的地理学专著，既可作为地理学专业本科生和研究生的选修课教材，也可供相关领域的教师和科研人员阅读参考。

图书在版编目（CIP）数据

生态敏感区（域）人—地系统空间均衡研究：以锡林郭勒盟为例 / 阿荣著 . -- 北京：北京理工大学出版社，2022.8

ISBN 978-7-5763-1557-8

Ⅰ . ①生… Ⅱ . ①阿… Ⅲ . ①牧区—人地系统—研究—锡林郭勒盟 Ⅳ . ① S812.9

中国版本图书馆 CIP 数据核字 (2022) 第 133965 号

出版发行 / 北京理工大学出版社有限责任公司

社　　址 / 北京市海淀区中关村南大街 5 号

邮　　编 / 100081

电　　话 /（010）68914775（总编室）

　　　　　（010）82562903（教材售后服务热线）

　　　　　（010）68944723（其他图书服务热线）

网　　址 / http://www.bitpress.com.cn

经　　销 / 全国各地新华书店

印　　刷 / 三河市华骏印务包装有限公司

开　　本 / 710 毫米 ×1000 毫米　1/16

印　　张 / 16

字　　数 / 183 千字

版　　次 / 2022 年第 8 月第 1 版　　2022 年 8 第 1 次印刷

定　　价 / 75.00 元

责任编辑 / 徐艳君

文案编辑 / 徐艳君

责任校对 / 刘亚男

责任印制 / 李志强

前言

进入了"人类世"阶段，直面国家和地区工业化与城镇化发展的强烈愿望及巨大需求，如何通过深化区域人地关系的科学认识来提高服务整个社会生态文明与绿色发展实践的质量是地理学人共同努力的方向，其中人—地系统空间均衡研究成为实现可持续发展的重要途径。

我国北方牧区属于温带干旱半干旱区，位于中国第二大"水塔"——蒙古高原的南缘，生态环境极端脆弱，生态地位十分特殊；加之近年资源环境的持续过载性开发，导致牧区生态环境严重恶化。因此，解决牧区人地关系矛盾成为当前学术探索和社会实践必须直面的典型理论与应用课题。

本书以生态敏感区（域）的人—地系统为研究对象，从"格局—过程—机理—优化"思路出发，采用综合多源数据和多学科交叉理论与方法，系统揭示生态敏感区（域）人—地系统耦合演化规律及协调共生发展机制，为牧区可持续发展提供科学依据与决策支持。

本书由六章组成。第一章绪论阐述了研究的必要性，并介绍全书框架、研究内容、研究思路与方法。第二章为理论基础和文献综述部分。第三、四和五章为实证部分，从"格局—过程—机理—优化"思路出发，选择锡林郭勒地区作为研究区域，对生态敏感区（域）人—地系统要素及其相互作用机制、人—地系统空间耦合特征进行研究，并在此基础上探索生态敏感区（域）人—地系统空间均衡机制与路径选择。第六章结论部分对全书做了总结，对上述研究内容的主要贡献和不足进行了归纳和分析。

本书内容主要来自我的博士论文和国家自然科学基金青年科学基金项目

"牧区人—地系统多尺度耦合演化关系研究"的研究成果。我在攻读博士学位期间得到了陈才先生及东北师范大学地理科学学院各位老师的悉心指导与大力支持，在此表示衷心感谢！我于2018年博士毕业后来内蒙古师范大学工作，在此期间通过一些科研项目，拓展了关于牧区人地关系研究的认识，这与我的硕士导师佟宝全教授的指导以及包玉海教授的支持密不可分。本书最后得以出版，还要感谢学校的高度重视与资金支持。限于我的学术水平，本书仍有很多不足之处，恳请同行专家、学者提出宝贵的意见和建议！

阿　荣

2021年10月于呼和浩特

目录
CONTENTS

第一章

绪　论

第一节 研究背景与选题依据

一、研究背景

工业化和城镇化进程在不断促进区域经济快速发展的同时，也造成无序、过度开发、生态环境严重破坏等问题。特别是生态敏感地区，缺乏科学的开发引导，陷入了生态保护与开发时序安排的矛盾。生态敏感区是生态环境变化最为明显的特殊区域，也是区域生态环境系统可持续发展及实施生态环境整治的核心区域。区域发展的空间均衡状态是区域社会经济发展的开发活动和生态环境保护活动的空间匹配程度，是区域社会经济、自然环境及自然资源的空间相互协调状态[①]。区域空间均衡发展成为人文地理学研究区域人地关系地域系统的一个新视角。传统意义上的空间均衡更多地关注区域经济发展的均衡，很少涉及经济、生态环境、社会等全方位的空间均衡[②]。由于存在自然生态环境的差异性，导致不同区域的发展水平也极不均衡。欠发达地区在市场机制失灵的条件下，依靠政府的投资和权利优先发展战略产业或战略区域[③④]；其结果是，大部分发展中国家或地区忽略区域生态环境条件的空间差异性，盲目地追求区域经济增长，反而带来经济发展的低效率和生态环

---

① 陈雯. 空间均衡的经济学分析[M]. 北京：商务印书馆，2008：43–49.
② 樊杰，洪辉. 现今中国区域发展值得关注的问题及其经济地理阐释[J]. 经济地理，2012（1）：1–6.
③ CHENERY H B. Comparative Advantage and Development Policy[J]. American Economic Review, 1961（51）：18–51.
④ WARR P G. Comparative and Competitive Advantage[J]. Asian Pacific Economic Literature, 1994（8）：1–14.

境破坏等一系列问题①②。尤其是生态敏感、经济发展落后地区推进大开发，存在着资源耗竭和环境恶化的陷阱，有可能使这一地区陷入工业化的低效、人类生存环境更恶劣的恶性循环状态③④。

面临资源约束趋于紧张、生态环境破坏和污染严重、生态系统退化严重等问题，必须树立遵从自然环境规律、保护自然的生态文明理念。优化国土空间格局是生态文明建设的核心任务之一。国土是建设生态文明的空间载体，国土空间格局是区域生态文明建设的重要表现形式。多数资源富集区往往依托矿产等有限资源推进工业化而完成原始资本积累，然而这种工业化模式可能因本地资源耗竭而陷入"资源陷阱"。同时生态环境敏感、粗放的资源开发和污染排放，更容易导致生态环境的快速恶化，且一旦生态环境被破坏，就会因其修复难度大，治理能力弱，对区域乃至国家的"生态安全"产生重大影响。内蒙古自治区横跨我国三北地区，生态环境敏感，煤炭资源富集，既是国家重要的生态安全保障区域，又是重要的能源供应基地，扮演着保障全国"生态安全"与"能源安全"的双重角色。然而，区域保护与开发是一对天然的矛盾，如何解决好区域在"生态安全"与"能源安全"之间的尖锐矛盾是内蒙古乃至整个西部地区面临的关键问题。

锡林郭勒盟是我国典型的草原牧区，属于典型的生态敏感区（域）。牧区给人的直观印象是地广人稀，似乎其土地承载力仍有一定的容量，还能再

---

① ROMER P M. The Origins of Endogenous Growth[J]. Journal of Economic Perspectives, 1994（5）：3–22.

② PEARSON D W. Partner in Development: Report of Commission on International Development[M]. New York: Praeger, 1969.

③ 叶初升，孙永平. 论发展经济学的"贫困情结"[J]. 发展经济学论坛，2004（1）：68–77.

④ ANTY P M. Pattern of Development, Resource, Policy and Economic Growth[M]. London: Edward Arnold, 1995.

容纳一定数量的人口。然而，研究表明，目前西部绝大多数地区的土地处于满负荷甚至是超负荷状态，牧区的人地关系已经十分紧张。草原牧区生态环境的恶化是一个复杂、综合的过程，既有自然因素的作用，又有人文因素的影响。在全球干暖化的大背景下，自然作用是这一恶化过程的决定性因素，而使牧区生态环境加速恶化的主因是相对于牧区草场承载力而言的人口"超载"这一人文因素。从表象分析，导致草原生态环境加速恶化的主要原因似乎是过度放牧与过度开采等经济活动，但究其根本，导致生态环境加速恶化的深层原因实质上是人口"超载"或者"人多地少"问题。

随着锡林郭勒地区以大规模煤炭资源开发为基础的工业化进程，出现了生态破坏等一系列问题与矛盾，各种不合理的开发活动更加剧了资源环境的矛盾，威胁着发展质量和生存环境。随着生态敏感区（域）的人地关系矛盾的日益尖锐，国家开始对传统区域发展模式进行反思，并建立区域可持续发展观和相关战略，提出了区域发展过程中合理保护和有序开发资源的要求。那么，区域的自然生态保护空间在哪里？怎样合理配置自然生态保护空间与开发空间，并实现生态敏感区（域）人—地系统空间均衡发展？

总体来讲，国家"能源安全"战略决定了大规模开发利用煤炭资源的必要性和必然性，同时，国家"生态安全"战略也决定了生态环境保护与建设的必要性和必然性。这使得在锡林郭勒盟这一特殊区域形成"能源安全"与"生态安全"的尖锐矛盾。解决好这一对先天的矛盾，对于我国西部生态敏感脆弱区的人—地系统协调发展具有迫切的现实意义与深远的战略意义。

人类社会文明进步中矿产资源发挥着非常重要的作用。然而，随着社会经济的快速发展和人类对矿产资源需求量的急剧增长，矿产资源开发与生态环境保护之间的矛盾与冲突越来越明显。合理、妥善处理好区域资源开发利用与环境保护的关系问题，已成为当今社会最需迫切解决的任务。矿产企业长期沿袭传统开发模式，其主要特点是粗放式、不遵循生态规律等。传统开发模式忽略区域生态环境的承载能力和生态保护，特别是现代化大型开采设备的逐渐普及带来的开发规模扩大，导致开发活动对生态环境的破坏更明显。锡林郭勒地区是生态脆弱区和资源富集区在空间上的耦合区域，兼具生态脆弱敏感性和煤炭资源开发的必要性、必然性及民族地区文化特殊性，地域类型独特。

从英国工业革命开始，全球工业化、城镇化进程的快速发展，在提升区域社会经济发展水平的同时，也带来了区域社会经济发展的空间差异、区域发展秩序失衡、区域资源环境压力加大等负面效应。自然禀赋条件、区域社会经济发展基础、社会文化等方面的区域空间差异是客观存在，区域发展空间不均衡和区域空间的无序开发利用是区域社会经济发展中必然要面对的问题。追求GDP的增长是中国政府政绩考核的重要指标，这也导致地方只重视经济增长量，忽略经济增长的质量，不顾区域发展基础条件的差异性，进行不合理的开发活动，这给区域发展带来失衡、空间无序开发、区域贫富差距拉大、自然资源和能源消耗过度等一系列问题与矛盾。

二、选题依据

（一）关于牧区社会经济发展模式及路径选择的思考

牧区是区域人地关系地域系统中一个极为独特的子系统，处于欧亚大陆温带草原蒙古高原南段，恰好在蒙古高原冷气团南下必经通道上。牧区是由"人—畜—草"三要素组成的一个巨大的人地关系系统，在丰富的人地关系系统中扮演着灿烂夺目的角色。锡林郭勒盟经过近二十年的快速发展，地区生产总值从2000年的69.21亿元增长到2020年的839.84亿元，从生产总值发展水平上看，锡林郭勒盟已站在相对较高的发展点；但仍然存在诸多问题，12个旗县市里有3个国家级贫困县和5个自治区贫困县，有高人均GDP和低发展水平并存的现象。如何开发利用牧区是近一个世纪以来学术界高度关注的问题，国家和自治区方针政策的不稳定影响着牧区发展。

（二）区域开发与生态环境保护、区域可持续发展相关问题

区域自然生态环境是一个国家或地区发展的物质载体，也是生态文明建设的空间载体。正确处理区域经济发展与生态环境之间的关系是区域实现可持续发展目标的根本。自然资源属于非可再生资源，开发利用时必须考虑区域人口及生态环境的承载能力，遵循区域经济社会与生态环境效益相统一的原则，在区域生态环境承载能力的范围之内，严格控制好区域开发强度，尤其是矿产资源的开发强度，努力实现区域可持续发展目标。因此，建立科学合理的区域经济发展格局、城镇化格局和生态环境安全格局，从区域空间均衡的角度出发，努力推动区域主体功能定位发展是区域社会经济发展的最终选择。工业化和城镇化不断促进区域经济快速发展的同时，也造成无序、过度开发、生态环境严重破坏等问题，生态破坏、资源耗竭等一系列问题与矛盾日趋尖锐。2000年发源于内蒙古草原的沙尘暴，影响了首都北京，甚至影响到日本、韩国及美国夏威夷群岛等国家和地区，内蒙古成为举国上下和国际关注的焦点地区。针对内蒙古地区生态环境质量下降现象，政府出台并实施了"京津周边风沙源治理工程""围封转移战略"等一系列重大措施。国内外各界高度关注和深入研究生态环境恶化相关问题，成果颇多，例如，2003年中国、日本、韩国、蒙古国和朝鲜5个国家举行了沙尘暴国际高级会议，深入探讨草原生态环境破坏问题。可见，草原牧区生态环境退化问题已经成为国内外高度关注的环境问题。

（三）生态敏感的牧区矿产资源开发中存在的社会问题

内蒙古牧区位于温带干旱半干旱区，处于中国第二大"水塔"——蒙古高原的南段，大兴安岭以西，燕山山脉—阴山山脉—贺兰山—河西走廊一线以北，生态环境质量的好坏不但影响内蒙古地区的发展，而且关系到华北、东北，甚至全国的生态安全。内蒙古地区得天独厚的能源矿产资源、禀赋条件及适逢西部的战略机遇，使区域经济发展有了快速发展，但是在经济快速发展的同时，也出现了很多区域的生态环境问题。"十四五"时期是我国全面建成小康社会、实现第一个百年奋斗目标之后，乘势而上，开启全面建设社会主义现代化国家新征程、向第二个百年奋斗目标进军的第一个五年，也是内蒙古走好以生态优先、绿色发展为导向的高质量发展新路子，实现新的更大发展的关键时期，在内蒙古自治区国民经济和社会发展第十四个五年规划和2035年远景目标纲要中都提到地区生产总值年均增长5%左右。因此在较长的一个时期内国家仍需要维持较快的经济发展速度，才能实现上述目标，相应地支撑经济较快发展的能源需求量也非常庞大。石油资源对外依存度高、国际油价波动性强，同时在没有出现替代能源的前提下，需要大量的国内化石能源开发来支撑经济持续发展。当前，中国能源需求结构中煤炭资源贡献率仍为70%左右，这一结构在较长时期内不会有根本性变化。作为国家"能源安全"战略与"生态安全"战略并存区，大规模开发煤炭资源与大力保护草原生态环境均具有必要性，使得这一区域形成了开发与保护的尖锐矛盾。

第二节　研究意义与研究目标

一、研究意义

20世纪中期以来，随着全球经济的快速发展，人类活动对生态环境造成的影响日益突出。区域内人口密集，社会经济活动强度大，对有限的自然资源过分依赖，使区域生态环境变得更加敏感和脆弱。尤其在生态敏感地区或生态过渡地带的生态环境变化、气候变化及人类社会经济活动的响应更为显著，而且社会经济发展和生态环境保护建设之间的矛盾更容易被放大显示，导致区域发展过程中面临熊掌与鱼翅不可兼得的两难境地。生态敏感区（域）作为具有鲜明自然和人文景观特色的地域单元，是非常适合"地表过程集成系统研究"计划、"未来地球"计划开展科学研究的典型区域。对人—地系统演变过程进行综合评价，深入探讨人—地系统发展过程中的人文要素和自然要素的耦合、交互胁迫关系及耦合共生发展机制，是探索区域人—地系统发展模式的重要科学问题。本研究的意义和价值主要体现在以下两个方面。

（一）理论意义

（1）基于对空间均衡理论的认识，从问题诊断视角，探讨生态环境敏感矿产资源富集区域的空间均衡发展，拓展了人文地理学之人地关系研究的新内涵。

（2）探讨区域发展空间开发适宜性问题，可为全面认识区域可持续发展状态提供理论和方法，并为推动地区可持续发展提供决策和参考。锡林郭勒盟在区域发展过程中存在过度依赖资源、区域开发强度大、生态环境代价高等问题。研究区是典型资源富集生态脆弱型地区的缩影，随着国家振兴东北老工业基地、西部经济发展等一系列战略的实施，高强度的区域开发活动与低生态环境承载力之间的矛盾越来越突出。通过研究空间均衡格局，解析目前存在的主要空间失衡问题，探寻缓解区域高开发强度、提高区域资源环境供给能力的途径，为实现空间均衡发展格局、实现资源富集生态脆弱地区可持续发展提供决策参考，同时为优化国土规划和主体功能区划提供实证参考。

（二）实践意义

锡林郭勒地区生态环境极其脆弱敏感，生态地位十分特殊，是我国北方重要的生态安全屏障。近几年来，牧区生态环境整体急剧恶化，人地矛盾突出，成为国内外学术界普遍关注的一个"热点"地区。本研究采用多源数据融合技术，构建牧区人—地系统要素库，对要素相互作用演变特征及耦合状态进行分析，探讨人—地系统耦合共生发展机制与路径选择，以"空间均衡发展"作为破解生态敏感区（域）人地矛盾的主要方针，提出具体实施路径。本研究期待为实现生态文明建设理念、推动主体功能区建设和完善现代地域功能理论，并为典型地区区域发展模式的优化与提升提供科学建议。

二、研究目标

本研究对生态敏感区（域）人—地系统进行评价，揭示人—地系统耦合共生发展机制，构建空间均衡视角下的区域空间开发适宜性模式与实现途径，为生态敏感区（域）的可持续发展提供理论依据，并充实区域发展的空间均衡理论。

（1）为锡林郭勒盟地区矿产资源的合理有序开发与生态环境的有效保护提供可操作性较强的方法体系。

（2）为区域空间合理组织与区域均衡发展提供理论指导。

（3）为解决主体功能区划中的技术难点提供帮助，如，煤炭资源开发强度概念的提出对主体功能区开发强度概念的确立具有很好的参考价值。

（4）通过空间均衡视角下的空间适宜性开发模式的提出，为研究区生态环境保育和煤炭资源开发活动提供具体指导。

第三节　研究方法与技术路线

一、研究方法

本研究采用地理学、社会学、生态学和经济学等学科的相关理论，研究方法上坚持文献搜集与实地调研相结合、理论与实证相结合、历史演变分析与现实研究相结合、定量分析与定性描述分析相结合等方法。

（一）文献归纳分析法

以城市地理学、经济地理学、人文地理学、区域经济学、生态学、环境学、计量地理学、城市规划等为背景，以国内外相关研究为基础，对前人的相关研究成果进行归纳整理，吸取目前已有研究成果中的经验，找出目前研究存在的问题和不足，为本研究找准研究视角及切入点奠定理论基础。利用图书馆、中国知网和Science Direct等平台，收集并整理了最新的关于人—地系统、空间均衡、区域发展模式、空间失衡与失衡机制等与本研究内容相关的国内外的文献资料，通过仔细阅读与归纳整理文献，提炼出本研究的理论依据。

（二）定性与定量结合

对区域历史时期的人地关系特点和区域均衡发展模式路径等问题进行定

性分析。另外，在评价人—地系统空间耦合协调度和空间适宜性时，采用相关性分析、变异系数、主成分分析、熵值法等，运用ArcGIS10.6、GeoDA、SPSS、GWR等软件进行定量计算，检验定性结论，增强研究的科学性和可信度。

（三）空间分析法

依托GIS空间技术手段，提取空间信息，构建信息数据库，采用空间可达性分析、空间叠置分析、流空间强度分析、网络分析等空间分析方法，评价空间开发强度、区域生态环境承载力、发展潜力及其空间耦合状态，并进行可视化表达。

（四）静态分析与动态分析相结合

静态和动态分析是经济学和区域科学的相关研究中常用的方法之一。静态分析是对地理要素及地理事件在某个时间点上的状态进行分析，该研究方法有助于认识区域社会经济、生态环境的现状。动态分析方法是指在地理要素运动过程中对其进行分析和研究，该方法有助于掌握区域社会经济和生态环境变化趋势。总的来讲，静态分析方法是动态分析方法的深化和延伸。

二、技术路线

本研究以人—地系统为研究对象，从"格局—过程—机理—优化"思路出发，采用综合多源数据和多学科交叉理论与方法，探讨人—地系统要素相互作用机理，构建人—地系统耦合关系研究的理论框架，选取典型的生态敏感区（域）——锡林郭勒盟作为研究靶区，分析人—地系统耦合特征、耦合演化规律以及内在逻辑。最后探讨人—地系统空间均衡与路径选择，为实现可持续发展目标和破解人地矛盾提供相关决策支持。主要的技术路线见图1-1。

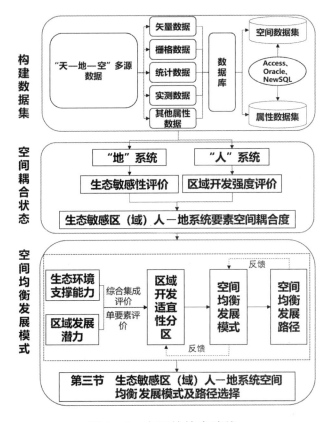

图1-1　主要的技术路线

三、数据来源与处理

（一）气象数据

本研究中所利用的气象数据来源于中国气象科学数据共享服务网站和锡林郭勒盟气象局实测数据。本研究共选了锡林郭勒地区及周围15个气象站点逐月的降水和气温数据，这些站点分别是苏尼特右旗、苏尼特左旗、锡林浩特市、二连浩特市、东乌珠穆沁旗、西乌珠穆沁旗、正蓝旗、乌拉盖管理区、那仁宝力格嘎查、朱日和镇、阿巴嘎旗、镶黄旗、正镶白旗、多伦县、太仆寺旗。

（二）遥感数据

Landsat是美国国家航空航天局（NASA）的陆地探测卫星系统，第一颗卫星（Landsat–1）在1972年成功发射，目前最新的是Landsat–8，Landsat TM遥感影像数据具有多波段、高地面分辨率、时间跨度大等优势，适合运用于微观区域的多年动态变化的研究。本研究采用Landsat TM/ETM+/MSS遥感影像，反演土地利用时空变化特征。

中分辨率成像光谱仪（MODIS）有以下几个主要特点：①免费数据：NASA对MODIS数据实行全球范围内免费获取政策；②光谱波段范围广：MODIS数据共有36个波段，光谱范围为0.4~14.4 um；③接收数据很便捷：利用X波段向地面传送数据；④数据更新速度快：TERRA和AQUA卫星都是太阳同步极轨卫星，保证每天最少得到2次白天和2次黑夜更新数据。

本研究中的土地利用数据来源于Landsat TM遥感影像数据，NDVI（归一化植被指数）数据来源于MODIS数据。具体数据处理和计算过程在后面章节中会详细介绍。

（三）基础地理信息数据

国家基础地理信息系统通过各种不同技术手段进行采集、编辑处理、存贮，组成多种类型的基础地理信息数据库，为国家和省级各部门提供基础地理信息服务。本研究中运用的所有基础地理信息数据均来源于国家基础地理信息数据库[①]。

（四）社会经济统计年鉴数据

本研究中所用的社会经济数据主要来源于内蒙古社会经济统计年鉴及锡林郭勒社会经济统计年鉴资料（1949—2020年）。将研究中所需要的社会经

[①] http://www.ngcc.cn/ngcc/.

济数据进行统计与整理归纳，获得人口、经济发展水平、产业结构、牧民收入、牲畜头数、矿产资源开发等相关数据，并对数据进行无量纲化处理，对有些时间序列数据中缺少的部分进行了内插处理。

（五）实测数据

遥感植被指数的形成是一个非常复杂的过程，利用相关模型反演出来的植被指数仅仅是简化手段，因此估算结果会存在一定误差。通常有两种检验估算模型的方法，一是与前人研究结果进行比较，二是估算结果与实测结果进行比较。本研究为了验证NDVI像元二分模型来反演的植被覆盖度是否有效，在2015年8月，选取研究区境内共51个1 m×1 m的样方进行验证，使用手持GPS来定位，记录经纬度信息，实测结果与2016年8月影像上反演结果进行相关性分析。

从相关性分析结果看出（见图1-2），基于像元二分模型反演的NDVI与实测结果之间有较高的相关性（R^2= 0.908 4），说明该估算NDVI的像元二分模型是可靠的，可以运用在锡林郭勒盟NDVI估算研究中。本研究中的矿产资源开发对草原植被影响定量分析用到遥感影像反演的植被指数。

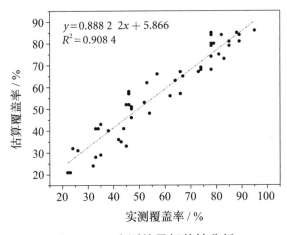

图1-2 实测结果相关性分析

第二章

相关理论基础与文献综述

第一节　理论基础

一、人地关系地域系统理论

人地关系是地理科学古老而年轻的话题，是人文地理学研究的核心内容，也是人文地理学的理论基础[1][2][3][4]。人地关系论题虽然涉及哲学和社会学、自然科学以及相关学科，但一直是地理学，特别是人文地理学的核心理论命题。人地关系强调人类活动与地理环境之间存在客观联系，其经典解释就是人类社会及其活动与自然环境之间的关系。

人地关系内涵就是人们对人地关系的理解，每个学科对人地关系内涵的探讨有所不同。目前关于人地关系内涵的研究取得了丰富的研究成果，根据已有的文献材料，总结归纳出地理科学层面的人地关系的观念。

（1）以人为主体的概念：人地关系是基于人类生存发展需要所形成的人与人、人与群体、人与社会、人与土地综合体及人与自然系统等多层面组成的物质关系系统[5]；人地关系是人类在改造和利用自然的实践活动中，对人与地理环境间关系的经验总结和理性思考[6]。

（2）以地为主体的概念：人地关系是指以地球表层一定地域为基础的人

---

① 吴传钧. 论地理学的研究核心——人地关系地域系统[J]. 经济地理，1991（3）：1–6.

② 郑度. 21世纪人地关系研究前瞻[J]. 地理研究，2002（1）：9–13.

③ 陆大道. 关于地理学的"人—地系统"理论研究[J]. 地理研究，2002（2）：135–145.

④ 钱学森. 谈地理科学的内容及研究方法（在1991年4月6日中国地理学会"地理科学"讨论会上的发言）[J]. 地理学报，1991（3）：257–265.

⑤ 王爱民，缪磊磊. 地理学人地关系研究的理论评述[J]. 地球科学进展，2000（4）：415–420.

⑥ 黄大学. 人地关系理论发展与人地关系教育[J]. 沙洋师范专科学报，1999（1）：65–67.

与地之间的相互作用①；人类与环境的关系，亦称人地关系，是指人类依靠环境，从环境中获取各种自然资源②；人地关系是自人类起源以来就存在的一种不以人的意志为转移的客观关系③。

（3）以人地相互作用为主体的概念：人地关系是一对既矛盾又和谐的辩证关系④；人地关系是指人类活动与生活的地理环境之间的相互关系，二者相互影响、相互反馈⑤；人地关系是指人的生存、生活、社会活动与自然环境之间的相互作用和相互影响⑥；人地关系是指人类社会和人类活动与地理环境之间的相互关系⑦。

（4）不同层次的人地关系：人口资源、土地资源及其相互关系，简称人地关系⑧；就人口承载力而言，人地关系主要是人与耕地的关系⑨；人地关系是指人类社会发展过程中的人口和土地之间的相互作用和影响⑩；人地关系是指人类需求与耕地资源之间的关系⑪。

---

① 吴传钧. 地理学的特殊研究领域和今后任务[J]. 经济地理, 1981（1）: 5–10.

② 董自鹏, 余兴, 李星敏, 等. 基于MODIS数据的陕西省气溶胶光学厚度变化趋势与成因分析[J]. 科学通报, 2014（3）: 306–316.

③ 吴云. "人地关系"理论发展历程及其哲学、科学基础[J]. 沈阳教育学院学报, 2000（1）: 96–99.

④ 乔家君. 区域人地关系定量研究[J]. 人文地理, 2005（1）: 81–85.

⑤ 邓光奇. 西部人地关系矛盾及其化解[J]. 未来与发展, 2003（5）: 48–51.

⑥ 龚建华, 承继成. 区域可持续发展的人地关系探讨[J]. 中国人口·资源与环境, 1997（1）: 11–15.

⑦ 香宝. 人—地系统演化及人地关系理论进展初探——一个案例研究[J]. 人文地理, 1999（S1）: 68–71.

⑧ 成岳冲. 历史时期宁绍地区人地关系的紧张与调适——兼论宁绍区域个性形成的客观基础[J]. 中国农史, 1994（2）: 8–18.

⑨ 魏晓. 湖南省未来人地关系与人口承载量研究[J]. 经济地理, 1999（6）: 41–45.

⑩ 白俊超. 我国西汉至建国前的人地关系状况分析[J]. 经济问题探索, 2007（2）: 187–190.

⑪ 陈印军. 四川人地关系日趋紧张的原因及对策[J]. 自然资源学报, 1995（4）: 380–388.

（5）强调动态关系的概念：人地关系是一种动态关系，随着时代的变迁，地与人的内容都在不断变化、扩大和革新[①]；自从人类出现以来，就产生了所谓人地关系，即人类社会进步与地理环境变化两者相互依存和相互作用的关系[②]；人地关系即通常所说的人与自然的关系，有一个从低级到高级的发展过程[③]。以上人地关系内涵的观念都在一定意义上客观地反映了人地关系的含义，但相互之间存在明显差异性。例如，关于"地"的含义由国土到整个自然界，"人"的含义包含自然人及整个人类社会等。由此可见，关于人地关系内涵没有一个权威的界定，科学地界定人地关系的概念是摆在地理学者，尤其是人文地理学者面前的一个非常重要的理论研究任务。本研究关于人地关系的内涵为：人类社会与地理环境之间的相互联系、相互制约的交互作用关系。

从人类出现到农业革命之前，人地关系以自然环境为主导；从农业革命到工业革命，人类试图控制并改变自然环境；发展到现在，人类与自然环境妥协，曾出现过许多不同的人地观，由最初的天命论到环境决定论、可能论、适应论、生态论、环境感知论、和谐论等。人地关系是人类社会与自然环境之间的关系[④]，然而人类社会本身是个复杂的系统，包括精神文化、物质文化、社会文化综合的作用，因此，分析人地关系应当以时代为背景。人地关系是包含丰富内容及多层次关系纽带的综合体，其中不仅包含土地利用问题，还有其他因为多重作用的"地理环境"与多层级"人的整体系统"相互影响、相互渗透而形成的他种类型之人地关系。人地关系的基本是土地利用问题，土地利用问题也是人地关系的核心因素，它与土地综合体共同构建了人地关系之基础层

---

① 任美锷. 地理学——大有发展前景的科学[J]. 地理学报，2003（1）：2.

② 包广静. 基于人地关系理论的区域土地持续利用规划探讨[C]. 中国广西南宁，2006.

③ 丁兆运. 人地关系协调发展的途径探讨[J]. 枣庄师专学报，2001（4）：50–54.

④ 石崧，宁越敏. 人文地理学"空间"内涵的演进[J]. 地理科学，2005（3）：3340–3345.

次。因此，这就像房屋地基一般，承载着其他层次的人地关系之生成、发展和扩张。也正因为土地利用问题具有核心因素的特性，它才展现并决定人地关系的本质、特性、机制、演变、地域分异和人地矛盾冲突的主题[①]。人地关系中的"地"内涵丰富，是人文地理环境与自然地理环境的有机统一，而不是既定的独立机制。人地关系中的"地"与人类活动相互作用、双向生成。"地"中既包含人类活动，也承载着通过人类活动生成的丰富万物，是一个综合有机体。"人类活动"是指人类为了生存发展和提升生活水平不断进行的一系列不同规模不同类型的活动，包括农、林、渔、牧、矿、工、商、交通、观光和各种工程建设等。人地关系和谐与否将直接影响人类社会与自然环境的安全状态，贯彻落实全面、协调、可持续的科学发展观，建设和谐社会的重要前提就在于正确认识人地关系，协调处理好人与自然的关系。

二、区域空间结构理论

空间结构的含义有广义和狭义之分。从广义角度看，区域空间结构是指在一定时间和空间中的自然环境与社会经济结构的空间结合，反映了自然与人类活动的作用于地球表面所形成的空间组织形式。区域各要素或成分及各种不同物质结构间的对应变换关系，也就是说地球表面性质和人类活动相互作用关系决定空间结构的形成和变化。狭义层面的空间结构是指区域人类活动和社会经济客体在空间中的相互作用和关系，以及经济客体和人类活动的空间集聚规模和集聚形态。

最早的关于区域空间结构的研究是从20世纪30—40年代的德国开始的。随着世界社会经济的快速发展、科学技术的发达，出现了生产水平的地域不

---

① 马暕，姬长龙，张义珂，等. 中国西部地区土地利用变化聚类分析[J]. 中国人口·资源与环境，2012（S1）：149–152.

均衡、生态环境质量日益下降、区域之间的发展不均衡，极化现象越来越明显，这要求从宏观尺度上调控优化各种产业结构、土地利用结构以及区域发展结构。这些问题的出现，使适用而流行的区域研究理论——空间结构理论得到了快速发展并用于实践上，取得了丰硕的研究成果。空间结构理论是在某个特定的区域空间之内的社会、经济各组成部分以及这种组合类型的空间上的相互作用和空间位置关系的空间集聚规模与集聚程度的学说。空间结构理论的主要研究内容有：各个不同空间尺度上的均衡发展问题、区域空间结构的组织形式和关系、以城镇为中心的环状土地利用模式的研究、空间最佳规模的相关问题和研究空间上的互动关系方面的内容。区域空间结构的组成要素包括点、线和面；点要素包含城镇、聚落、工矿点和旅游景点等；线要素包括交通道路和河流等；面要素主要指的是区域各级别的行政区域、经济区域、海面和平原等（见表2-1）。

表2-1 空间结构要素的空间组合模式类型

要素组合	空间子系统	空间组合类型
点—点	节点系统	村镇系统、集镇系统和城镇体系
点—线	经济枢纽系统	交通网络、工业枢纽
点—面	城市—区域系统	城镇集聚区、城市经济区
线—线	网络设施系统	交通通信网络、电力网络、供给排水网络
线—面	产业区域系统	农作物带、工矿带、工业走廊
面—面	宏观经济地域系统	经济区和经济带
点—线—面	区域空间经济一体化系统	城镇等级规模体系

地域空间结构演变是城市由一个点发展到面的过程。在市场规律的作用下，生产要素往往集中在利润最高的地方，即"点"要素上，然后通过

"点"要素的带动，周边各项基础设施开始完善，生产要素也会慢慢沿着基础设施建设的方向向外扩散，所以城市经济活动一般是从"点"开始，并围绕着"点"向外移动扩散。

三、地域分工理论

地域功能是指一定地域的人地关系系统在背景区域的可持续发展中所履行的职能和发挥的作用[①]。地域功能的形成体现了自然系统对人类活动的承载能力和反馈机制，以及人类活动对自然系统的空间占用和适应依赖。地域功能空间分异是人地关系空间耦合和可持续发展的客观要求，人地关系地域系统理论构成了现代地域功能理论的基础。地域功能不是指特定地域在单一的生态系统中承担的功能，也不是指在单一的经济系统中的主导产业的发展方向，而是指在人地关系可持续发展中承担的综合功能（见图2-1）。

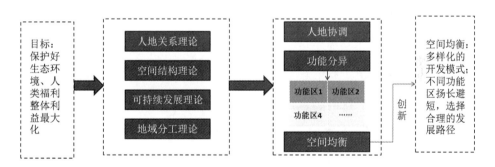

图2-1　从人地关系理论到地域功能理论发展过程

地域分工思想出现时间比古典经济学还要早，其核心思想是因地制宜、扬长避短、发挥优势、趋利避害。合理的区域分工有利于各地区发挥优势和

---

① 盛科荣，樊杰.地域功能的生成机理：基于人地关系地域系统理论的解析[J].经济地理，
2018，38（5）：11-19.

分工协作，从而提高区域整体的劳动生产效率。劳动地域分工的基础是地域差异性的存在，其具体表现为区域生产专业化分工[①②]。地域分工具备四个特性：①生产出来的产品不仅提供给本地区，满足本地区的消费需求，还要通过交换和贸易形式实现最终消费；②地域分工基础条件是便利的运输方式和商品贸易；③经济比较利益是地域分工实现的原动力；④经济区的形成和发展是地域分工的最终产物。

四、可持续发展理论

20世纪中后期，人和地之间的矛盾越来越突出，在世界范围内出现了一系列公害事件，例如1930年的马斯河谷烟雾事件、1943年的洛杉矶光化学烟雾事件、1948年的多诺拉烟雾事件、1952年的伦敦烟雾事件、1953年的日本水俣病事件，引起各界人士对环境问题的重视。1883年，恩格斯发现人类活动对自然环境的作用范围、强度等不断深化和扩展，区域自然环境之间的关系发生了巨大变化，于是对人类盲目的无节制的开发行为提出了忠告："我们不要过分陶醉于我们对自然界的胜利，对于每一次这样的胜利自然界都报复了我们。每一次胜利，在每一步都有了完全不同的出乎预料的影响，常常把第一个结果取消了。"恩格斯强调了区域自然规律和生态平衡的客观性，告诫人类限制和控制无节制地开发自然资源和破坏自然环境的行为和活动。恩格斯对人与自然关系的理解，渗透着可持续发展的思想。"可持续发展"一词最早在1980年的世界自然保护同盟发表的《世界自然保护大纲》中出现。1968年来自世界各国的几十个科学家、教育家和经济学家在罗马成立

---

① 丁任重，李标. 马克思的劳动地域分工理论与中国的区域经济格局变迁[J]. 当代经济研究，2012（11）：27–32.

② 于印超. 论劳动地域分工理论与区域经济地理学[J]. 冀东学刊，1995（3）：54–55.

了一个非正式的国际协会——罗马俱乐部，并于1972年发表了《增长的极限》，报告中强调区域人口的增长、工业化的快速发展、能源的消耗及生态环境破坏等要素的运行不属于非线性增长，而是指数增长；1972年联合国人类环境会议上共同探讨环境对人类影响的相关问题，并宣布《人类环境宣言》；1983年世界环境与发展委员会向联合国提交了名为《我们的未来》的研究报告，该报告包括"共同的问题""共同的挑战"和"共同的努力"三个部分，关注区域人口、能源、粮食、工业化及人居环境等问题，并确定了区域可持续发展的基本含义和基本原则[①]。可持续发展系指满足当前需要而又不削弱子孙后代满足其需要之能力的发展[②③]。区域经济系统、社会系统及生态环境系统的可持续发展是区域可持续发展的三个重要的子系统，其中，经济系统的可持续发展是基本条件，社会系统的可持续发展是最终目的，而生态环境系统的可持续发展是基本前提。1994年我国编写了国家级别的21世纪议程《中国21世纪议程——中国21世纪人口、环境与发展白皮书》[④]，将可持续发展纳入我国社会经济发展的长远规划中。

可持续发展模式是一种特殊的从环境和自然资源角度提出的关于人类长期发展的战略和模式。资源是可持续发展一个中心问题，可持续发展思想正在深刻地影响着资源类型选择、利用方式选择、利用时间安排、利用分析方法等方面，其主要指导思想是把软资源与硬资源充分结合起来，把环境问题

①　牛文元. 可持续发展理论的内涵认知——纪念联合国里约环发大会20周年[J]. 中国人口·资源与环境，2012（5）：9–14.

②　赵景柱，梁秀英，张旭东. 可持续发展概念的系统分析[J]. 生态学报，1999（3）：105–110.

③　吕鸣伦，刘卫国. 区域可持续发展的理论探讨[J]. 地理研究，1998（2）：20–26.

④　国务院. 中国21世纪议程——中国21世纪人口、环境与发展白皮书[M]. 北京：中国环境科学出版社，1995.

彻底消除，即把软资源融入硬资源之中，形成一个资源开发利用的良性循环（见图2-2）。

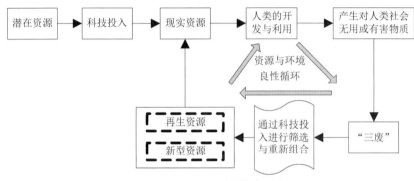

图2-2 资源与环境的良性循环

地理学对可持续发展研究的主要落脚点是从空间的视角研究区域可持续发展问题。区域可持续发展建立在区域人地关系理论、外部性理论、三种生产理论等基础之上，其基本原则包含公平性原则、共同性原则及持续性原则。区域可持续发展理论主要研究各个区域的自然要素禀赋条件及要素流动对区域社会经济发展的影响，在此基础上对不同研究区的不同类型的人地关系提出对应的意见；注意区域的时空特殊情况之下的人地关系，并寻求特殊空间单元的可持续发展模式，缩减不同区域之间的差距，优化区域空间布局。本研究的主题是生态敏感地区的可持续发展空间均衡问题，是在区域空间可持续发展理论的指导之下，探讨锡林郭勒盟的人—地系统空间均衡发展格局，即在区域可持续发展理论的指导之下，探究区域人地之间的一种互动关系，并且能达到均衡的作用。因此，区域可持续发展理论是指导本研究的重要理论，贯穿全书。

第二节 国内外相关研究进展

一、人地关系相关研究进展

人地关系研究始终是地理学基础理论研究的本质所在[①②③]，人地关系强调人类活动与地理环境之间存在客观联系，其经典解释就是人类社会及其活动与自然环境之间的关系[④⑤⑥]，人地关系研究的核心集中于主体（人）与环境（地）的相互作用。在国内多是以"人地关系（Man-Land Relationship）"来表示人地关系，但是英、美、法等西方国家的研究学者常用"人类与环境系统（Human-Environment System）"来表示人地关系[⑦]。人地关系是一种可变的量，是一个不稳定、非线性、远离平衡状态的耗散结构[⑧]。随着人类活动强度不断加深，人与地之间的融合程度越来越深，导致人—地系统趋于复杂化[⑨]。

---

① 吴传钧. 人地关系与经济布局[M]. 北京：学苑出版社，2008.

② 吴传钧. 论地理学的研究核心——人地关系地域系统[J]. 经济地理，1991（3）：1–6.

③ 樊杰. 人—地系统可持续过程、格局的前沿探索[J]. 地理学报，2014，69（8）：1060–1068.

④ GALVANI A P. Human–Environment Interactions in Population and Ecosystem Health[J]. Proceedings of the National Academy of Sciences of the United States of America, 2016, 51（113）：14502–14506.

⑤ HARDEN C P. Framing and Reframing Questions of Human-Environment Interactions[J]. Annals of the Association of American Geographers, 2012, 4（102）：737–747.

⑥ 杨青山，梅林. 人地关系、人地关系系统与人地关系地域系统[J]. 经济地理，2001（5）：532–537.

⑦ 吴传钧. 人地关系地域系统的理论研究及调控[J]. 云南师范大学学报（哲学社会科学版），2008（2）：1–3.

⑧ 崔学刚，方创琳，刘海猛，等. 城镇化与生态环境耦合动态模拟理论及方法的研究进展[J]. 地理学报，2019，74（6）：1079–1096.

⑨ 王黎明. 面向PRED问题的人地关系系统构型理论与方法研究[J]. 地理研究，1997（2）：39–45.

近年来，在城镇化与工业化的快速发展以及自然环境迅速变化背景下，人地关系研究成为国内外学者普遍关注的热点问题，学者们试图揭示人地关系实质及其演变规律。中国和西方国家的历史文化、社会背景不同，导致在人地关系研究视角上存在一定的差异性。西方国家研究人地关系的视角从人类活动和地理环境转变为城市安全、区域贫困化与环境问题、城市环境变化及灾害等领域，更注重某个研究内容的具体化，但是国内关于人地关系相关研究侧重于宏观尺度下的实证分析。中国古代就有"天人合一""天人相关"等思想，这些均能反映中国人对人地关系的思考。国内早期的人地关系研究主要以定性描述为主，到1991年吴传钧先生提出"人地关系地域系统是地理学研究核心"思想，代表中国关于人地关系的研究进入系统化研究阶段。

研究人地关系的方法和技术手段不断发展，从初期的定性描述性研究到定量化研究，从人—地系统中单要素定量研究到自然和人文要素耦合综合研究。从已有关于人地关系研究成果来看，主要成果多集中在人地关系思想及内涵研究、人地关系地域系统研究方法与评价模型研究、具体某个区域人地关系的实证评价研究等方面。

（1）研究学者从定性视角开展人地关系的内涵、思想变迁及自然环境基础等方面的研究[1][2][3]。最早是由哲学家开始对人地关系进行研究，并对人地关系产生不同的理解[5]；人类在两千多年的探索和研究人地关系问题中提出了

---

[1] ANNE B. Diverse Perspectives on Society and Environment: Plenary Lecture at the 32th International Geographical Congress[J]. Progress in Geography，2013，3（32）：323–331.

[2] 李小云，杨宇，刘毅. 中国人地关系演进及其资源环境基础研究进展[J]. 地理学报，2016，71（12）：2067–2088.

[3] 叶岱夫. 人地关系地域系统与可持续发展的相互作用机理初探[J]. 地理研究，2001（3）：307–314.

[5] SHUTAN L. Delimitation of Geographic Regions of China[J]. Annals of the Association of American Geographers，1947，3（37）：155–168.

很多理论和观点，主要包括地理环境决定论、适应论、人地相关论、可能论和人定论等代表理论观点；中国人文地理学者对人地关系内涵研究做了很大贡献[①]；到20世纪80年代随着可持续发展概念的提出，代表着人地关系研究主题与可持续发展宗旨一脉相承，即为实现人类活动与资源环境的协调发展。

（2）关于人地关系地域系统研究方法与评价模型研究。随着科学技术手段的普及和提高，关于人地关系研究方法逐渐向定量评价和模拟转变。目前人地关系综合定量评价多数是从某一个角度切入，研究人类要素与地类要素之间的关系[②③]。从人地关系综合研究方法和模型的运用上来看，主要包括耦合协调模型[④]、人地关系系统动力学模型[⑤⑥]、可持续发展模型及基于PRED的综合评价模型[⑦]等。方法和模型的使用上过度依赖传统模型和方法，将来需要在理论模型的构建和定量方法创新上重点突破。

（3）从人地关系研究尺度上看，目前多数研究成果关注的是某个区域，

① 方创琳，崔学刚，梁龙武. 城镇化与生态环境耦合圈理论及耦合器调控[J]. 地理学报，2019，74（12）：2529–2546.
② 刘海猛，方创琳，李咏红. 城镇化与生态环境"耦合魔方"的基本概念及框架[J]. 地理学报，2019，74（8）：1489–1507.
③ CHUANG L F，JING W. A Theoretical Analysis of Interactive Coercing Effects between Urbanization and Eco–Environment[J]. Chinese Geographical Science，2013，23（2）：147–162.
④ 王武科，李同升，徐冬平，等. 基于SD模型的渭河流域关中地区水资源调度系统优化[J]. 资源科学，2008（7）：983–989.
⑤ 柳瀛. 基于层次分析法的甘南州PRED系统协调发展研究[D]. 兰州：西北民族大学，2017.
⑥ 郭伟峰，王武科. 关中平原人地关系地域系统SD模型及仿真[J]. 西北农林科技大学学报（社会科学版），2010，10（1）：47–52.
⑦ 赵奎涛. 明末清初以来大凌河流域人地关系与生态环境演变研究[D]. 北京：中国地质大学，2010.

如流域地域①、沿海地区②、经济区③、城市群地区④、某一个省市层面等，而且省级层面研究区主要集中在东部发达地区。在研究尺度的选择上相对缺乏国家等宏观层面，同时也缺乏像农户、牧户等微观尺度研究，导致对区域人地关系整体性和差异性认识相对不足。

总体上看，关于人地关系理论思想和实证研究均取得丰富成果。较多研究者从定性描述角度对人地关系理论思想演变、内涵及具体研究范式等方面进行研究，缺乏人地关系状态定量评价研究成果。从单要素角度研究人类活动与生态环境之间相互作用关系及反馈机制的研究成果很多，而且研究方法和模型较为成熟，但是在未来的人地关系相关研究中更要注重和突出人—地系统的复杂性，探索并实践多要素集成方法和模型。地理学具有区域性特征，以地域为单元进行人地关系研究是地理学科的显著特色，从已有研究中可以发现，采用3S技术手段，结合相关数学方法和模型对流域地区、生态脆弱地区等某个特定地域的人地关系进行研究的成果较多；目前研究多数集中于宏观和中观尺度研究，微观尺度的人地关系实证研究寥寥无几，具有代表性的有自然村或者社区尺度人地关系分析⑤⑥，需要拓宽人地关系实证研究尺度。在未来人地关系相关研究亟须扩大视角，结合像"未来地球"等国际重大议题，探索人地关系理论层面的创新，并加强"人口生活质量"背景下的

---

① 孙才志，张坤领，邹玮，等. 中国沿海地区人海关系地域系统评价及协同演化研究[J]. 地理研究，2015，34（10）：1824–1838.

② 张雷，刘毅. 中国东部沿海地带人地关系状态分析[J]. 地理学报，2004（2）：311–319.

③ 程钰，刘凯，徐成龙，等. 山东半岛蓝色经济区人—地系统可持续性评估及空间类型比较研究[J]. 经济地理，2015，35（5）：118–125.

④ 吴玮. 中国主要城市群人—地系统脆弱性评价[D]. 长春：东北师范大学，2010.

⑤ 乔家君. 区域人地关系定量研究[J]. 人文地理，2005（1）：81–85.

⑥ 陈忠祥. 宁夏南部回族社区人地关系及可持续发展研究[J]. 人文地理，2002（1）：39–42.

人地关系研究领域。因此，基于微观尺度实证与人—地系统耦合关系研究对完善和丰富人地关系理论方法具有重要作用。

二、人—地系统耦合关系研究

人文—自然耦合系统，是指人类活动与自然环境通过相互作用和复杂的反馈作用，在彼此影响下形成的整合系统。目前，国内外对人—地系统耦合关系相关研究成果很多，其中国外研究者更注重于微观尺度上的研究，主要侧重于采用定量和数学建模方法，研究自然环境对人类活动的响应，而国内研究者把研究重点放在某一个具体人类活动对自然环境要素（包括气候、资源等）之间的耦合协调研究，构建耦合系统模型，计算耦合协调指数来分析人文与自然系统要素之间的协调状态。自1984年开始，国外已经有研究学者开始对人文和自然系统分别开展研究，随着研究的深入他们把人文和自然系统结合起来研究人文自然耦合系统（Coupled Human and Natural Systems，简称CHANS），国际上出现了一系列研究人文与自然耦合关系的项目，包括千年生态评估[①]、Berjer国际生态学家研究所[②]等。国内关于人文系统和自然系统耦合关系研究起步较晚，20世纪80年代，国内研究者才开始运用耦合系统论来研究人—地系统之间的协调及反馈关系。在全球自然环境不断变化的大背景下，国内研究把研究重点区域放在熔岩地区、渭河地区等生态环境脆弱地区[③④]，主要研究方式是构建人地耦合关系评价指标体系，测算人文系统和

---

① http://www.millenniumassessment.org/en/index.html.

② http://beijer.kva.se/.

③ 张洁，李同昇，王武科. 渭河流域人地关系地域系统耦合的关联分析[J]. 干旱区资源与环境，2010，24（7）：34–39.

④ XIAO K C, TANG J J, CHEN H, et al. Impact of Land Use/Land Cover Change on the Topsoil Selenium Concentration and Its Potential Bioavailability in a Karst Area of Southwest China.[J]. The Science of the Total Environment, 2019.

自然系统之间耦合状态指数，在此基础上进行人地耦合协调现状及动态预测研究。同时，国内相关研究者对CHANS的研究主要关注人类相关活动对区域生态环境造成的威胁等方面[1][2]，基于国家和省域等宏观尺度上的研究成果较多[3][4]。总的来看，在研究尺度选择上国内和国外存在明显的差异性，国外的人—地系统耦合相关研究集中于微观尺度（多数为社区范围）的人文过程和自然环境的耦合研究，国内研究者选的研究尺度多集中于全国、省域或县域范围，对社区等微观尺度人—地系统耦合关系研究很少。

人口、土地、产业是社会系统、自然资源系统和经济系统的重要内容之一，也是区域发展的核心要素。人、地、业三要素间相互作用关系及耦合状态，直接影响区域可持续发展。但是现有文献对两要素人口与土地、经济与土地、人口与经济协调性的研究居多[5][6]，对三要素及多要素的研究偏少；对城镇层面的研究较多，对乡村三要素耦合协调发展研究的较少。而且三要素耦合协调发展研究多集中于宏观尺度，包括省域、县域等，缺乏对格网等微

① ROBERTS B R. Urbanization and the Environment in Developing Countries: Latin America in Comparative Perspective [M]. New York: Population & Environment Rethinking the Debate Westview Press, 1994.

② 梁变变，石培基，周文霞，等. 河西走廊城镇化与水资源效益的时空格局演变[J]. 干旱区研究，2017，34（2）：452-463.

③ 童彦，潘玉君，张梅芬，等. 云南人口城市化与土地城市化耦合协调发展研究[J]. 世界地理研究，2020，29（1）：120-129.

④ 刘耀彬，李仁东，宋学锋. 中国区域城市化与生态环境耦合的关联分析[J]. 地理学报，2005（2）：237-247.

⑤ LI J, YANG Y, JIANG N. County-Rural Transformation Development from Viewpoint of "Population-Land-Industry" in Beijing-Tianjin-Hebei Region under the Background of Rapid Urbanization [J]. Sustainability, 2017, 9（9）：1637.

⑥ 杨振，张小雷，李建刚，等. 中国地级单元城镇化与经济发展关系的时空格局——基于2000年和2010年人口普查数据的探析[J]. 地理研究，2020，39（1）：25-40.

观尺度上的人口、土地、产业三要素耦合关系的研究。

三、生态敏感区（域）人—地系统研究

牧区人地关系地域系统主要是指以我国牧区为特定的活动空间，区域内的"人"以草原开发为依托，利用和适应区域环境，改善生活生产条件，进而与外界系统产生错综复杂的交互作用。草原牧区给人的第一个印象就是"天苍苍，野茫茫，风吹草低见牛羊"，地广人稀，能承载一定量人类活动；但相关研究已经表明，目前绝大多数草原牧区处于满负荷的状态，甚至超负荷状态，导致地区的人地关系十分紧张。生态环境的恶化是一个复杂、综合的过程，既有自然因素的作用，又有人文因素的影响。在全球干暖化大背景下，自然作用是这一恶化过程的决定性因素，而使牧区生态环境加速恶化的主因是相对于牧区草场承载力而言的人口"超载"这一人文因素。查阅有关牧区人地关系的文献后发现，学者对牧区人口、土地利用、产业等领域做了大量研究，但研究内容主要集中在牧区土地利用变化、植被变化、人口、产业等单个要素的研究[1][2][3]。以往关于牧区人地关系的研究多集中在人地关系演化的定性描述分析，或构建人地关系评价指标和模型进行简单的定性分析，对牧区人—地系统的内部相互作用关系及耦合度的定量研究很少；研究尺度多数为县级或者村级，缺乏对格网尺度的人地关系的定量分析成果。

综上，对生态敏感区（域）人—地系统微观尺度的耦合演化规律及机制

---

① 阿荣. 牧区人口密度时空分异特征研究[D]. 呼和浩特：内蒙古师范大学，2013.

② 梁天刚，崔霞，冯琦胜，等. 2001—2008年甘南牧区草地地上生物量与载畜量遥感动态监测[J]. 草业学报，2009，18（6）：12–22.

③ 滕驰. 内蒙古牧区新型城镇化进程中人口转移问题与对策研究——以W旗为例[J]. 中央民族大学学报（哲学社会科学版），2017，44（1）：12–16.

的研究尚属空白，对锡林郭勒地区"人—畜—草"等核心要素组成的人—地系统耦合演化规律进行深入、精确化探究的寥寥无几。因此，本研究立足于科学发展和破解人地矛盾的理论与现实需求，研究人—地系统耦合特征，并探讨人—地系统空间均衡发展机制及其路径选择，以期拓展和丰富人文地理学和经济地理学研究内容和研究范式，进一步完善人地关系理论和地域功能理论，同时也为生态敏感区（域）的可持续、高质量发展提出切实可行的科学指导和建议。

四、空间均衡研究

区域发展的空间均衡是地区经济社会开发与生态环境保护的活动与物品的空间配置及其组合，与其开发与保护的供给能力相匹配，经济、社会、资源、环境相协调的状态[①]。区域空间差异的存在是区域经济发展过程中的一种常态[②]。区域发展平衡状态就是区域社会经济活动与资源生态环境的相互匹配状态，使地区之间形成良性互动，实现区域经济增长和生态环境保护的区域空间平衡。区域经济增长与生态环境保护的相互兼容和协调发展是区域发展空间均衡的本质意义。空间均衡的形态下，两个资源环境承载力不同的区域里，必然是资源环境承载力相对较强的Ⅱ区（见图2–3）的经济与人口所占的比重较大。人口与经济的比重不协调的结果就是人口与经济空间失衡，如图2–3中的A、B两个点。而在E点，虽然人口与经济的比重相当，两者具有空间均衡特征，但由于以过度开发或者破坏生态环境为前提，此点仍属人口与经济和资源环境的空间失衡点。唯有C、D两点上才能实现空间均衡。

---

① 陈雯.空间均衡的经济学分析[M].北京：商务印书馆，2008.

② 刘卫东.经济地理学思维[M].北京：科学出版社，2013.

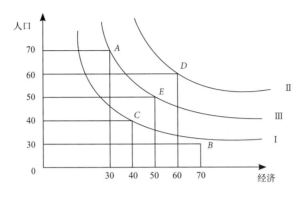

图2-3 空间失衡示意图

区域可持续发展追求的目标是实现区域经济、社会及生态环境的协调发展，即实现区域开发强度与区域生态环境承载能力的相对均衡发展。2009年国土资源部提出以"耕地红线不能碰"为主题的基本耕地保护制度；2012年十八大报告中强调优化国土空间开发格局，实现区域人口与资源生态环境的空间均衡发展，社会、经济和生态三个效应协调发展，严格控制区域开发强度，减少资源开发利用过程中的生态代价，探索区域经济社会和生态环境可持续发展。

区域经济快速发展，资源环境开发过度，付出巨大生态环境代价，使得区域经济发展与人口、资源生态环境之间的矛盾日益凸显。区域开发强度和区域生态环境供给能力等区域空间均衡发展问题逐渐引起国内外学者和政府部门的高度关注。纵观外文文献发现，资源开发利用及生态环境响应研究经历了一个漫长而逐步深入的研究过程（见表2-2）。18世纪初期马尔萨斯的资源绝对稀缺论和李嘉图的资源相对稀缺论奠定了研究资源开采利用和生态环境保护的基础。

表2-2　关于矿产资源开发与环境保护的研究的发展轨迹

时间	典型代表者	观点
18世纪初期	马尔萨斯	资源绝对稀缺论
	李嘉图	资源相对稀缺论
	约翰·穆勒	环境资源
18世纪中叶	乔治·马什	人类顺从自然，环境保护思想的产生
	霍特林	矿产资源耗竭理论
20世纪60年代	K.波尔丁	生态经济概念、宇宙飞船经济学
	柯尔姆	环境使用税理论、消费限制论
	马歇尔	外部性概念

　　List从收敛角度验证了区域是否能够实现均衡发展，研究结果表明美国地区经济收敛的同时生态环境质量也收敛[①]；还有些学者从区域经济非均衡可持续发展方面进行研究，如丁晓辉等在评价城市发展空间可持续性研究中，引入了城市地区紧凑系数来揭示城镇化对城市空间可持续性的影响，研究结果证明了城市区域的紧凑系数是评估城市扩张空间模式是否可持续的有效指数[②]；陈德安运用非平衡热力学理论、经济增长极理论、协同学理论和系统理论，对区域经济的非均衡性发展和区域可持续发展进行详细研究[③]；刘颖通过研究和拓展空间经济学理论模型，分别把土地价格、劳动力流动和外资利用作为研究切入点，全面解析我国区域非均衡发展的主要动因和区域非均衡发

---

① LIST J. Have Air Pollution Emission Converged among U.S. Regions Evidence from Unit Root Tests[J]. Southern Economic Journal, 1999, 55（1）: 144–155.

② DING X H, ZHONG W Z, ZHANG S X. Impact of Urbanization on the Spatial Sustainability of a City–A Case Study of Yantai[J]. Advanced Materials Research, 2012, 524–527: 2724–2730.

③ 陈德安. 区域经济非均衡增长的可持续性研究[D]. 天津：天津大学，2004.

展态势①。从主体功能区提出后，许多研究学者在加快主体功能区建设与促进区域协调发展方面做出了巨大贡献，同时也获得了丰富的研究成果。王昱、王荣成等从人口迁移、产业及公共服务支出三个层面对区域产生不平衡性的机理进行阐述，认为主体功能区规划的顺利实施必须依赖于区域间利益平衡机制，而生态补偿是机制的重要内容，并设计和筛选了切实可行的平衡主体功能区间社会经济和生态环境利益的生态补偿实施的路径②。邓春玉等从主体功能区划和城市化理论视角，对区域不同主体功能区的城镇化水平进行比较研究，研究结果证明了不同功能区城镇化发展过程中出现发展水平不平衡、城镇空间结构不合理和地理要素空间分布不均衡等显著特征，他们从多方对建设区域主体功能区划、实现区域城镇化的空间均衡发展提出建议。彭晓亮从主体功能区划的科学基础入手，分析了各类功能区的具体特点，引入了区域发展空间均衡模型，并以此来解释区域综合发展水平缩小的趋势③。邓文英等基于空间均衡模型，构建生态财富和物质财富为核心内容的财富空间均衡模型，并认为实现生态和物质财富的同步上升是国土空间优化开发的终极目标④。哈斯巴根选择太白、澄城和兴平三个县级区域作为主要研究空间单元，定位每个研究单元的主体功能，并运用系统动力学模型分析城市化地区、农业发展地区和生态保护地区实现空间均衡的机制，提出不同类型区域空间均

① 刘颖. 空间经济视角下地区非均衡发展问题研究[D]. 沈阳：辽宁大学，2009.

② 王昱，王荣成. 我国区域生态补偿机制下的主体功能区划研究[J]. 东北师大学报（哲学社会科学版），2008（4）：17-21.

③ 彭晓亮. 基于区域发展空间均衡模型的主体功能区定位研究[J]. 中南大学研究生学报，2009（4）：43-46.

④ 邓文英，邓玲. 生态文明建设背景下优化国土空间开发研究——基于空间均衡模型[J]. 经济问题探索，2015（10）：68-74.

衡发展模式[①]。

研究者越来越重视区域发展不平衡的具体驱动因子，包括空间非均质和要素空间禀赋条件等。郝寿义和金相郁等研究者围绕着空间非均质假设，提出了"要素适宜度"的概念，认为要素禀赋的非均质分布乃是区域经济不平衡的主要原因，并试图从要素禀赋视角对区域发展不平衡以及区域协调的内涵重新衡量；郝寿义认为区域均衡发展路径并不仅仅取决于历史等偶然因素，而且取决于要素的空间禀赋条件及要素的适宜性[②③]。郝大江建立了由区域要素禀赋组成的区域经济增长模型，进一步强化了区域的要素禀赋在稳态增长率中有着重要作用的观点[④]。区域生产活动不仅包含劳动力、资金和技术等非区域性要素，同时也包含自然资源、自然环境及制度等区域性要素。在某种意义上讲，一定的区域性要素是所有区域发展的基础，表明非区域性要素必然要与区域性要素交互作用、形成有机的统一，才能保障生产的顺利进行。因此，在区域发展空间均衡路径选择上，区域性和非区域性要素的适宜性起到关键作用。

樊杰等在分析地域功能基本属性的基础上，提出了区域发展的空间均衡模型，认为区域发展的空间均衡是指任何区域综合发展状态的人均水平值是趋于大体相等的[⑤]。此处的综合发展状态是由经济发展状态、社会发展状态和

① 哈斯巴根. 基于空间均衡的不同主体功能区脆弱性演变及其优化调控研究[D]. 西安：西北大学，2013.

② 郝寿义. 区域经济学原理[M]. 上海：上海人民出版社，2007.

③ 金相郁. 中国区域经济不均衡与协调发展[M]. 上海：上海人民出版社，2007.

④ 郝大江. 区域经济增长的空间回归——基于区域性要素禀赋的视角[J]. 经济评论，2009（2）：127–132.

⑤ 樊杰，李平星. 中国主体功能区划的科学基础（英文）[J]. Journal of Geographical Sciences，2009（5）：515–531.

生态发展状态综合构成的。一个经济发展水平低的区域可以通过其更好的社会和生态发展状态提高综合发展水平。要实现人—地系统空间，前提就是要保障影响区域发展状态的各种要素在区域间可以最大限度地自由流动和合理配置。崔世林、龙毅等运用分维模型分析了江苏城镇体系的空间均衡特征[①]；张明东、陆玉麒基于空间均衡基本原理，构建了空间均衡评价模型，并评价了长三角区域的各个城市的空间均衡程度和稳定程度[②]；赵学彬从区域发展空间均衡视角出发，探讨了长沙市城市空间发展战略问题[③]；邓春玉从主体功能区视角出发，研究广东省城市化的空间均衡发展状态[④]；杨伟民、张耕田等在分析我国实施主体功能战略思路过程中，把"空间均衡"作为一个重要的概念提出和阐述，认为区域空间开发过程中实现区域各要素的协调发展的前提是以生态环境承载能力为基础，实现区域人口、社会经济和生态环境之间的空间均衡状态[⑤]。

整体上，区域可持续发展理论分析框架中的区域发展空间均衡主要考虑区域的人口、社会经济和生态环境的需求和供给空间匹配性，以及主体功能区建设下的区域协调发展。空间均衡研究方法上融合了新经济地理学和区域可持续发展理论的相关分析方法，试图构建包含经济空间、社会空间和生态环境空

① 崔世林，龙毅，周侗，等. 基于元分维模型的江苏城镇体系空间均衡特征分析[J]. 地理科学，2009（2）：188–194.

② 张明东，陆玉麒. 长三角城市空间均衡性分析[J]. 人民长江，2008（15）：7–9.

③ 赵学彬. 基于空间均衡格局下的长沙市城市空间发展战略研究[J]. 城市发展研究，2010（11）：34–40.

④ 邓春玉. 基于主体功能区的广东省城市化空间均衡发展研究[J]. 宏观经济研究，2008（12）：38–45.

⑤ 杨伟民，袁喜禄，张耕田，等. 实施主体功能区战略，构建高效、协调、可持续的美好家园——主体功能区战略研究总报告[J]. 管理世界，2012（10）：1–17.

间的空间均衡发展模型。从区域可持续发展理论角度看，空间均衡发展是一个综合多元目标，它不仅是制定区域经济发展活动遵守的原则，也是区域经济空间结构演变、区域社会经济和生态环境系统协调发展的目标。

五、相关文献的述评

纵观国内外的研究进展，人地关系思想、内涵、时空演变过程、驱动机制、优化调控是人地关系的主要研究内容，从而形成了人—地系统研究主要框架。随着社会经济的发展，人—地系统的思想和内涵发生了巨大变化，从早期的天命论思想演变到现在的协调论思想。在人—地系统地域分异和人—地系统演变的研究上主要集中在分析某个地区的人地关系演变过程，为区域协调发展提供科学借鉴。通过研究地区人地关系不仅能够解决现实问题，也推进了人地关系研究方法和技术手段上的创新。随着可持续发展思想的深入推广，国内外人地关系的研究中已经构建了比较完善的评价指标体系（尤其是多维的评价指标体系），形成了丰富的评价方法。以往关于区域发展、主体功能区和人地关系空间配置状态的研究都以行政区域为基本研究空间单元，考虑的是省、县域内的统一性，忽略了省、县内的差异性，必然会造成区域内部差异，从而影响研究结果的科学性和准确性，往后的研究会选择更小的空间单元，如格网尺度等。目前关于主体功能区相关研究中没有太多涉及评价指标本地化的问题，导致无法适应锡林郭勒等生态敏感区的实际情况。经济地理学注重研究人类经济活动与地理环境之间的关系，并且在区域发展、区域开发适宜性理论及实证、区域空间合理组织问题等方面取得了一系列成果；但目前还少有研究分析与人—地系统要素的空间差异性相结合的空间均衡的系统，尤其是对矿产资源开发与生态环境保护的空间差异性相结合的区域发展空间均衡的系统分析，多数关于优化发展模式的研究集中在某个影响因素发展高低背景下的模拟优化研究，对不同的人—地系统要素情景下的区域发展状态的模拟研究极少。因此，选生态敏感区（域）人—地系统作为研究对象，在多源数据集成技术支撑条件下，综合分析锡林郭勒地区人—地系统空间均衡发展，对解决生态敏感区（域）人地关系矛盾及合理安排地域功能空间成为当前学术探索和社会实践亟须解决的重大理论与应用课题。

第三节 人—地系统空间均衡研究理论框架

一、相关概念辨析

（一）研究范本的界定

生态敏感区即生态交错区，1987年1月，在联合国环境问题科学委员会（SCOPE）、人与生物圈计划（MAB）及国际生物科学联合会（IUBS）的联合会议上，M. M. Holland对Ecotone界定为：生态环境过渡带是指相邻生态系统之间的过渡区域，是生态环境系统中处于两个或两个以上的物质能力系统、结构和功能体系之间形成的界面，以及该界面周围向外延伸的空间。交错和过渡地区的生态环境本质条件区别于两个不同生态环境核心区域，该类区域属于生态环境变化最为明显区域。生态敏感区（域）的生态环境结构稳定性差，对区域生态环境变化的响应极为敏感，很容易受到外界干扰，导致区域生态系统退化和生态系统演替现象，且区域生态环境系统的自我修复和自我恢复能力较弱。

关于生态脆弱地区空间范围的界定没有一个统一标准，刘燕华把生态脆弱地区空间范围定义为：年均降水量在350毫米以上的保证率≥50%，年均降水量在400毫米以上的保证率≤50%，且干燥度在1.5~2.0的区域[①]。本研究靶区——锡林郭勒地区的年均降雨量在300毫米左右，干燥指数在4~100，是极为干旱地区，属于典型的生态敏感区（域）。我国生态敏感区主要集中分布于北方干旱半干旱区、南方丘陵地区、青藏地区、西南山区及东部海岸地区。

矿产资源富集区是资源学科中的矿产资源学的概念，是指矿产资源在某一区域内分布相对密集的区域，即区域内的资源的蕴含量大，资源种类多，资源的品位较高，空间组合条件较好，或者区域内部资源在全国或全球占有主导地位。锡林郭勒盟矿产资源丰富，是内蒙古自治区重要的能源和有色金属基地，已发现各类矿产78种，矿产地608处，探明煤炭资源储量1 448亿吨，预测储量2 600亿吨，其中褐煤总储量在全国居第一位，长焰煤、气煤、无焰煤等也有一定储量。

资源富集地区的开发与发展对相邻区域甚至对全国发展均是举足轻重的，但必须弄明白资源富集是个相对的概念，随着区域开发与发展的不断推进，资源将由富集走向贫瘠。区域开发进程中的技术投入、社会经济的发展水平及区域社会制度的支撑是维持资源富集区域的主要因素。资源富集区域的开发会给资源富集区域带来繁荣，同时也会给资源富集区域带来毁灭，区域选择可持续开发或破坏式开发的问题关乎区域人类生存与发展的重要问题。

本研究中的研究区域的空间范围和功能特征取决于生态脆弱区域和资源富集区域的分布范围和空间特征，根据上述对生态敏感区（域）和资源富集区域的内涵介绍，本研究所选的研究区域是指分布在生态环境脆弱、矿产资源丰富的区域，是生态敏感和资源尤其是矿产资源富集地区在地理空间和功

---

① 刘燕华.生态环境综合整治与恢复技术研究（第二集）[M].北京：科学技术出版社，1995.

能上高度耦合区域。

（二）空间均衡

空间是地理科学核心概念之一，19世纪末德国著名地理学家拉采尔奠定了人文地理学对空间的相关研究[①]。石菘等认为，空间不仅仅是某一个固定地域的真实经纬度和几何空间，同时也是区域自然和社会经济属性统一的活动载体[②]。空间包含自然属性和人文社会属性的空间，即空间具有自然资源的价值和社会资源的价值。空间是财富的载体和物质源泉，可以生产材料；运用空间对各项社会经济活动的承载能力进行空间资源配置，可以有效地扩大生产力，如法国著名思想家米歇尔·福柯所说"空间是任何权力操作的基石"；空间具有管制功能，国家或各级地方部门利用空间管制能力来保证实施对区域的控制[③]。空间作为生产材料和消费材料，其供给能力有一定阈值。随着不断增长的人类需求量，空间的利用需求量大于供给量，导致产生空间冲突，甚至成为社会主要矛盾，影响社会经济发展。空间具有独特的自然、社会经济、文化等资源禀赋条件和结构组成，上述要素本身存在的差异或不同要素组合的差异性构造出多种多样的空间。因此，不同空间的承载水平和供给能力存在差异性，即便某个范围内的自然条件相似，也存在社会经济系统内生力量作用的空间差异性，使得该区域经济活动强度和密度有明显差异。空间具有城镇、区域和国家等不同尺度的层级性。

在西方经济学中，均衡是个被广泛运用的概念，如供求均衡、货币均衡和制度均衡等。均衡是从物理学中借鉴并发展出来的，表面含义是"力量的平

---

① 约翰斯顿. 哲学与人文地理学[M]. 北京：商务印书馆，2010.

② 石菘，宁越敏. 人文地理学"空间"内涵的演进[J]. 地理科学，2005（3）：3340–3345.

③ 包亚明. 后现代性与地理学的政治[M]. 上海：上海教育出版社，2001.

衡"，或是用来表示没有变革倾向的一种平和状态。均衡包含数量和状态层面的概念。经济学中，均衡最直接的意义是指经济系统中的某个经济单元或经济要素变量在经过一系列经济相互作用之后所达成的某种相对稳定的状态。经济要素可流动性导致区域间的要素供给的相对均等化。在完全竞争条件之下，技术、资本、资源、人力等经济要素的投入，促进了区域经济的均衡发展，导致某个国家或地区的经济产值与收入达到平等，所以通常空间均衡是通过区域社会经济活动在空间上的数量、质量及表现状态均匀分布程度测量的。本研究中所指的空间均衡是地区经济社会开发利用与生态环境保护两者之间的活动和物品的空间配置及其组合。资源富集生态敏感复合型区域的空间均衡是指矿产资源的开采利用与生态环境保护之间的空间配置状态。

需要指出的是，空间均衡与空间协同是两个内涵关联度、相似度极高的概念。空间均衡是空间相对稳定的状态及合理化结构，空间协同是空间的协调组织及合理化，两者都必须以要素、产业、城镇、人口、环境等为依托；空间均衡是空间协调组织及协同的结果，两者均是空间运动的一种过程，也是空间表现的一种理想状态，但空间均衡更多表现的是空间的一种状态及结果，而空间协同更多强调的是一种手段及过程。

可持续发展空间均衡是可持续发展观和空间均衡的概念组合。一方面，要以可持续发展观作为指导，这也是某个区域发展的最终理想目标；另一方面，要达到空间均衡的状态，这也是某区域发展实现理想目标后的状态。当一个空间区域的社会发展、经济开发等生产活动与该区域的资源环境承载力相匹配时，就达到了空间均衡。在生产空间、生活空间和生态空间，即"三生空间"中，不光要考虑生产空间的发展，也要考虑生活空间和生态空间的发展，也就是我们所说的不光要金山银山，也要绿水青山的理念，最终要实现针对"人"的开发强度和针对"地"的资源环境承载力相匹配的协调发展。因此，针对某一特定区域的可持续发展空间均衡包括以下两个方面：第一，从供需均衡角度理解，区域中社会、经济、环境、生态等各要素空间开发强度和资源环境承载能力相匹配，从而实现该区域的可持续发展空间均衡状态；第二，针对"三生空间"的发展，区域中生产、生活和生态空间达到协调发展的状态，三者的空间相互适应、相互匹配，达到空间均衡状态，从而达到可持续发展空间均衡的状态。

（三）矿产资源开发强度

开发强度概念有广义和狭义之分。广义上的开发强度是指特定区域的工业化和城镇化发展的水平，通常包括区域资源开发利用程度、人力和资金投入水平等；狭义上的开发强度是指区域城镇建设和交通等基础设施的空间用地面积的总和占整体区域面积的比重大小。区域开发强度是主体功能规划的一个非常关键的指标，某个区域建设空间面积占该区域总面积的比例大小，是政府实施建设用地总量控制、实现空间结构优化的基本手段。

煤炭资源开发强度这一概念出自主体功能区划中的"空间开发强度"这一概念，是"空间开发强度"概念向更深层次延伸的结果。区域煤炭资源开发强度广义的概念表示区域煤炭资源的开发利用的程度与水平。本研究借鉴陈逸等人[①]的研究结果，根据研究区实际情况和数据获取性，选择了煤炭资源开发广度指数、人口容量指数、经济密度指数及草原植被破坏程度等指标来反映区域煤炭资源开发强度。其中，煤炭资源广度指数反映区域煤炭资源开发规模，本研究选择工矿用地占国土总面积的比重来表示；人口最为直接地

---

① 陈逸，黄贤金，陈志刚，等. 中国各省域建设用地开发空间均衡度评价研究[J]. 地理科学，2012（12）：1424–1429.

反映了煤炭资源的开发强度，本研究中选择区域人口密度来表示；单位面积上的经济水平，本研究中选用地均工业产业产值来表示；煤炭资源的开发利用对生态植被造成的影响，本研究选NDVI残差值来表示。

二、人—地系统空间均衡研究思路

（一）基本内容架构与分析

本研究选择典型生态敏感区（域）锡林郭勒，主要对以下几个方面的内容进行研究与探讨：

（1）全面掌握生态敏感区（域）人—地系统要素及其空间差异性，包括锡林郭勒自然环境、资源禀赋条件、社会经济发展状况，为后面的研究奠定基础。

（2）生态敏感区（域）人—地系统协调耦合特征评价。全盘评价锡林郭勒地区生态敏感水平和区域煤炭资源开发强度，在此基础上通过确定研究区生态敏感性与空间开发强度、煤炭资源开发强度的空间组合特征来分析两者的空间匹配关系。从狭义的资源环境价值观、政府绩效考核及开发和保护职权分离不够明确三个方面探讨区域发展空间不匹配的根本原因。

（3）生态敏感区（域）人—地系统空间均衡机制及其路径选择。首先总结国内外典型地区开发模式实践借鉴，为区域开发适宜性模式与路径研究奠定实践基础；其次，对研究区的空间适宜性进行评价；最后，探讨如何实现生态敏感区（域）空间均衡问题。

（二）基本逻辑框架

基于理论内容的分析，首先厘清区域空间开发适宜性、煤炭资源开发强度、空间匹配度的概念，并在此基础上评价锡林郭勒生态敏感性与煤炭资源开发强度空间匹配度，探讨空间匹配影响因素等相关问题，这也构成了本研究最为核心的内容。综上所述，本研究所搭建的人—地系统空间均衡研究的逻辑图见图2-4，通过逻辑图，厘清研究的脉络，进而展示了理论研究与实证研究的思路和主线。

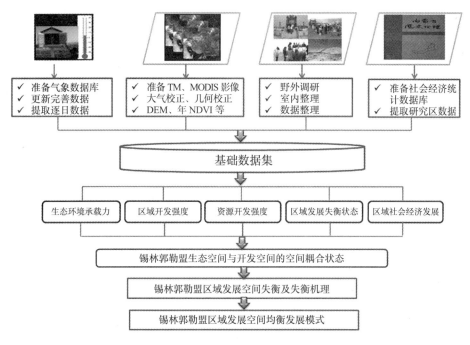

图2-4　人—地系统空间均衡研究的逻辑图

具体来看，第一，整理研究区的生态环境及社会经济发展基本条件，通过分析区域生态环境承载能力及区域发展潜力的数理与空间演化特征，如生态环境承载能力、开发潜力评价指标体系和评价模型的构建等，进而分析空间开发供给能力；第二，构建区域煤炭资源开发强度和区域开发强度评价指标体系及模型，从而测算与评价区域开发强度大小；第三，构建空间供给能力与开发强度空间耦合模型，以及空间耦合类型区的空间失衡程度，进而获得区域空间失衡点，并从客观和主观层面分析空间失衡机制；第四，综合分析区域发展的空间失衡原因、区域空间开发适宜性分区以及区域空间开发与保护需求，对区域空间均衡发展提出针对性的发展模式，如，生态空间与开发空间如何配置，针对研究区的工业化空间与城市化空间背离情况如何发展城市空间与工业空间，等等。

第三章

生态敏感区（域）人—地系统要素及其相互作用机制

锡林郭勒盟位于蒙古高原南段，内蒙古自治区的中部，地处东经111°59′~120°00′，北纬42°32′~46°41′，总面积为20.26万平方千米。内辖2个地级城市、1个县、1个管理区、1个开发区及9个旗，北与蒙古国接壤，西连乌兰察布市，东接赤峰和通辽两市，南邻河北省，是东北、华北和西北地区的交汇地带，并且拥有二连浩特和珠恩嘎达布两个陆路口岸，地理位置非常重要。锡林郭勒草原是离首都北京最近的草原，是京津乃至整个华北地区的重要生态屏障。

第一节 自然环境

一、地形地貌

锡林郭勒盟的地形主要以高平原为主，平均海拔高度在1 000米以上。最高峰和最低处分别是古如格乌拉（1 957米左右）和东乌珠穆沁旗宝拉格苏木德勒嘎查以南地区（平均海拔为839.7米）。地势南高北低，自西南向东北倾斜，东部和南部多低山丘陵，盆地错落其间，为大兴安岭向西和阴山山脉向东延伸的余脉。西部和北部地区地势平坦，零星分布一些低山丘陵和熔岩台地，属于高原草场。浑善达克沙地由西北向东南横穿锡林郭勒的中部地区，该地区属于半固定沙地。

二、气候条件

锡林郭勒盟的气候属于中温带半干旱大陆性气候，其主要特点为干旱、寒冷、风大。大部分地区的多年平均气温在0~3℃，一年中最低气温和最高气温分别出现在1月份和7月份，1月份的平均气温在-17℃左右，7月份的平均气温在21℃左右。受海陆位置的影响，降水量由东南向西北递减，多年平均降水为295毫米，多集中在7~9月。年平均相对湿度在60%以下，蒸发量在1 500~2 700毫米，在空间上呈从东向西递增的格局。水、热、光同季，为动植物的生长发育提供了有利条件，并且锡林郭勒盟地势平坦，土壤性质好，草本植物丰富，为本区域发展畜牧业经济提供了优越的自然条件。

三、水文与水资源

锡林郭勒盟境内有20多条河流，大小湖泊共有1 363个；其中淡水湖泊有672个，集中分布于东部和南部的旗县地区，大致分为三大水系，分别是正蓝旗和多伦县境内的滦河水系、呼尔查干诺尔水系及东部地区的乌拉盖水系（见图3–1）。锡林郭勒盟水资源总量为36.38亿立方米/年，其中地表水资源量为5.07亿立方米/年，地下水资源量为35.35亿立方米/年。水资源分布空间差异较为明显，各旗县市水资源分布不均（见表3–1）。

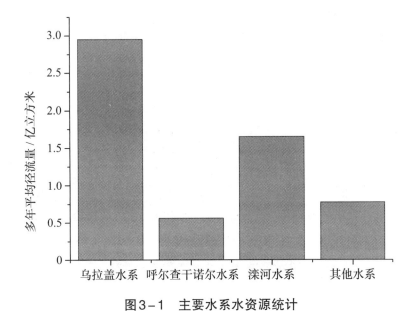

图3–1 主要水系水资源统计

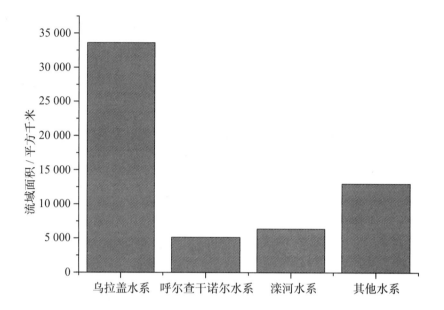

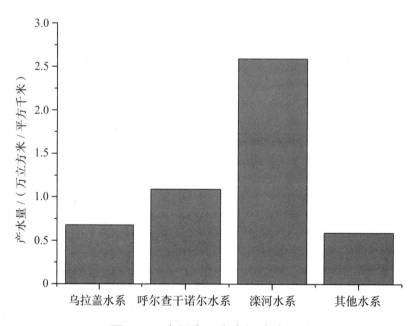

图3-1 主要水系水资源统计（续）

表3-1 各旗县市水资源统计概况

旗县市	地表水资源			地下水资源	
	流域面积/平方千米	多年平均径流量/万立方米	单位面积产水量/（万立方米/平方千米）	地下水资源总量/亿立方米	人均水量/万立方米
二连浩特市	未收集到数据				
苏尼特右旗	未收集到数据			4.435	0.716
阿巴嘎旗	3 425	4 320	1.26	3.955	1.039
锡林浩特市	3 221	1 763	0.55	1.500	0.149
东乌珠穆沁旗	7 427	12 000	1.62	7.599	1.438
西乌珠穆沁旗	22 960	15 980	0.70	5.333	0.848
镶黄旗	4 393	2 000	0.46	0.440	0.165
正镶白旗	3 722	2 000	0.54	1.094	0.161
正蓝旗	4 062	5 100	1.26	2.000	0.277
太仆寺旗	3 415	1 500	0.44	0.661	0.031
多伦县	3 773	13 408	3.55	0.037	0.004
苏尼特左旗	1 698	1 260	0.74	3.214	1.157

水网密度指数是生态环境中重要的指标之一，指被评价区域内河流总长度、水域面积和水资源量占被评价区域面积的比重，用于反映被评价区域水的丰富程度。计算公式见式（3-1）：

$$X_{S2} = A_{riv} \times \frac{L}{A} + A_{lak} \times \frac{A_1}{A} + A_{res} \times \frac{W}{A} \tag{3-1}$$

式中：X_{S2}为水网密度指数；A为格网单元的面积；L、A_1和W分别对应格网单元里河流长度、湖库面积和水资源量；A_{riv}、A_{lak}和A_{res}分别是河流长度、湖库面积和水资源量的归一化系数。基于上述计算公式，计算锡林郭勒水网密度指数。

四、土壤类型

锡林郭勒盟地带性土壤主要类型有黑钙土、栗钙土及棕钙土，非地带性土壤有草甸土、沼泽土、风沙土、盐土及碱土等。栗钙土集中分布于东部地区的东乌珠穆沁旗、西乌珠穆沁旗及中部地区的锡林浩特市和阿巴嘎旗，占总面积的51.65%。棕钙土占总面积的17.28%，分布于苏尼特左旗和苏尼特右旗及阿巴嘎旗西北部分地区。风沙土主要分布于浑善达克沙地的嘎亥额勒苏沙地，占地面积为12.23%。草甸土分散分布于乌拉盖河、巴音河水系及滦河水系附近的低洼处与丘陵地区的东西乌珠穆沁旗及正蓝旗、太仆寺旗等地区，占总面积的7.67%。

五、植被类型

锡林郭勒草原属于欧亚大陆草原区亚洲中部区最核心部分，是我国四大草原地区之一。该地区地势平坦，生态环境条件存在差异性，可分为草甸草原、典型草原、荒漠草原、沙地植被及其他草场类。草甸草原集中分布于研究区东部和东北部地区，主要以低山丘陵和低平原等地形为主，是森林向草原过渡的地带，其主要植物包括禾本科、豆科、菊科牧草等多年生草本植物，以牧业利用为主。典型草原占地面积最多（63%），是锡林郭勒草原的主体，主要分布于东经112°30′~117°30′。荒漠草原主要分布于锡林郭勒西部，处于草原向荒漠的过渡区，占全盟面积的20%，植被群落由旱生丛生小禾草、小半灌木和葱属植物组成。沙地植被主要分布于南部、西南部的浑善达克沙地、嘎亥额勒苏沙地和东乌珠穆沁旗的一些零散沙地。植被由发育在纯沙性母质土壤上的植物群落组成，周围有丰富的河流和湖泊、牧草，是四季放牧的最佳场所。

第二节　自然资源

自然资源是天然存在并有利用价值的自然物。在经济学意义上，自然资源是一种生产要素。资源是区域社会经济赖以发展的主要物质基础，资源的丰度、组合特征及开发利用条件很大程度上决定一个区域乃至国家的产业结构和经济优势。

一、畜牧业资源

锡林郭勒草原属于欧亚大陆草原区，是我国重要的畜牧业生产基地，该地区有着丰富的草地资源，面积宽广，类型齐全，包括草甸草原、典型草原、荒漠草原及沙漠草原等。丰富的草地资源为畜产品加工等产业提供了优越的资源条件（见图3–2）。

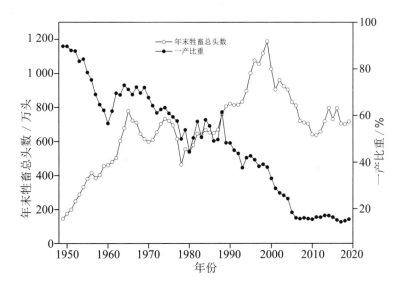

图3–2　1950—2020年一产比重与年末牲畜总数变化

二、煤炭资源

锡林郭勒盟拥有丰富的矿产资源，但是由于区域经济发展水平不高，科技水平相对落后，与自然资源相匹配的人才、资金、信息技术及先进的管理方式等方面贫乏，导致区域资源优势未能得到充分发挥，区域的社会经济发展主要依靠自然资源的大量输出来维持。

锡林郭勒盟探明煤炭资源储量1 448亿吨，预测煤炭储量2 600亿吨，被确定为国家重点建设的煤电基地。资源储量大于100亿吨的煤田有5处，分别是锡林浩特胜利煤田、东乌珠穆沁旗额和宝力格煤田以及西乌珠穆沁旗白音华煤田、高力罕煤田和五间房煤田。储量为10亿~100亿吨的煤田有21处（见表3-2中部分资料），即锡林浩特市巴彦宝力格煤田、苏尼特左旗白音乌拉煤田、东乌珠穆沁旗乌尼特煤田、苏尼特左旗赛汉高毕煤田、阿巴嘎旗的明图庙煤田和那仁宝力格煤田、西乌珠穆沁旗的巴彦胡硕煤田和吉林郭勒煤田等。煤质大部分为中灰、低硫、低磷褐煤，平均收到基低位发热量3 500大卡/千克，是优质动力煤和化工用煤。

表3-2 主要煤田情况[①]

序号	主要煤田	含煤面积/平方千米	储量/亿吨	位置
1	胜利煤田	342	224	锡林浩特市北郊
2	白音华煤田	510	140.7	西乌珠穆沁旗巴彦花镇境内
3	五间房煤田	499	117.02	西乌珠穆沁旗松根乌拉苏木和巴音郭勒苏木境内
4	巴彦宝力格煤田	650	93.79	锡林浩特市北33千米
5	白音乌拉煤田	657	68.58	满都拉图镇北西35千米，达日罕乌拉苏木境内

① 数据来源于锡林郭勒盟煤炭资源及现有煤矿企业情况调研报告。

续表

序号	主要煤田	含煤面积/平方千米	储量/亿吨	位置
6	那仁宝力格煤田	900	70	阿巴嘎旗北西约50千米，距锡林浩特市110千米
7	吉日嘎露天矿	2.48	0.98	别力古台镇北130千米，东南距锡林浩特市约200千米
8	道特煤田	44	12	东乌珠穆沁旗
9	贺斯格乌拉露天矿	272	12.4	乌拉盖管理区东北25千米
10	农乃庙煤矿	263	10.3	乌拉盖管理区东南15千米

三、旅游资源

锡林郭勒盟拥有丰富的草地资源，是历史文化悠久的游牧民族生活的舞台，具有灿烂文化和独特草原风土人情。锡林郭勒盟境内有草甸草原、典型草原、半荒漠草原及沙地草原景观，有1 200多种植物，为开发与发展旅游资源提供雄厚基础。锡林郭勒盟依托丰富的草原资源和历史文化景观，大力开发旅游业，截至2010年建立了70多个旅游项目[①]。同时以西部大开发为契机，推动重点景区辐射带动、配套景区多点提升、旅游区域网络延伸发展，努力构建"一带两都四区"的旅游发展格局，即以正蓝旗元商都遗址和中国马都为核心，首都北京—正蓝旗—锡林浩特市为轴心地带，"四区"分别为东部原生态蒙文化草原旅游区、中部马文化草原旅游区、西部纯生态边境旅游区及南部三都皇家草原旅游区。

锡林郭勒盟全力发展旅游的同时推出相关旅游的延伸产品，带动区域旅游产业链的完善，进而提高区域社会经济发展。旅游入境人数、旅游收入水平等均呈现逐年上升态势，到2014年旅游业总收入达到227.84亿元（见表3-3）。锡林郭勒盟顺应区域旅游市场需求多样化走势，积极调整旅游空间结

---

① 锡林郭勒盟行政公署政务门户网站，http://www.xlgl.gov.cn/.

构及旅游产品体系结构，延伸草原生态、游牧文化、蒙元文化及边境旅游文化产品链。与此同时，当地还注重乡村旅游资源，补齐交通线路、酒店商场等基础设施建设短板，完善旅游产业支撑要素，提升接待水平和服务质量，为培育乡村旅游和牧区旅游新业态提供保障。

表3-3　旅游业发展情况[①]

年份	旅行社总数/个	星级饭店总数/个	入境旅游人数/万人	国内旅游人数/万人	旅游业总收入/亿元	入境旅游外汇收入/亿美元	国内旅游收入/亿元
2003	—	—	23.17	68.73	11.04	0.74	4.87
2004	—	—	33.83	91.39	12.92	0.75	6.70
2005	—	—	38.58	118.00	17.79	1.12	9.13
2006	—	—	52.52	125.68	22.17	1.56	10.00
2007	23	23	66.03	262.86	42.41	2.20	26.39
2008	29	22	70.52	372.30	51.05	2.12	36.58
2009	28	28	64.74	510.27	65.30	2.19	41.64
2010	36	29	63.36	642.86	91.90	1.78	80.12
2011	42	27	66.65	761.26	121.96	2.13	108.56
2012	41	22	68.32	913.36	143.98	2.07	131.12
2013	43	24	63.90	1 046.70	183.26	2.60	167.20
2014	43	25	64.73	1 181.82	227.84	2.39	213.46

---

① 数据来源于锡林郭勒盟统计年鉴.

第三节 社会经济

一、区域经济总量

锡林郭勒盟经济基础水平薄弱，但经济发展保持稳步快速增长态势，尤其2000年以来经济增长速度非常快，国内生产总值（GDP）由2000年的58.45亿元（见图3-3）增长到2015年的1 002.6亿元，突破了1 000亿元。其中，第一产业增加值为105.50亿元，增长率为4.6%；第二产业增加值为613.72亿元，增长率为8.7%；第三产业增加值为283.38亿元，增长率为6.1%。第一产业对区域经济增长的贡献率为4.9%，第二产业的贡献率为75.7%，第三产业的贡献率为19.4%。锡林郭勒盟2015年人均GDP和人均财力分别居内蒙古自治区第六位和第四位；2015年居民人均可支配收入达23 754元，居全区第五位，高于全国和全区平均水平，分别高1 608元和1 264元；农牧民平均可支配收入水平达12 222元，比全国平均水平高800元，比全区平均水平高1 446元；社会保障与就业系统发展显著，2015年参加城乡居民社会养老保险人数达32.67万余人，参保人覆盖率排名全区第三；教育事业投资、电话、电视等电信行业普及率均得到良好发展。从锡林郭勒盟GDP变化图中可以发现，1952—2000年GDP的增长非常缓慢，其根本原因之一是当时整体区域通达性差。随着西部大开发战略的实施，锡林郭勒盟的经济得到了快速发展。

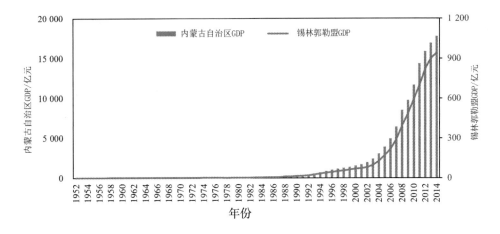

图3-3　1952—2014年锡林郭勒盟和内蒙古自治区的GDP变化

二、产业结构与产业空间布局

产业结构演变和优化产业空间布局相关研究是经济地理学、区域经济学、区域经济地理学、城市地理学及规划学科等众多学科的重点研究对象。产业结构的含义有广义和狭义之分。狭义的产业结构反映的是各产业在国民经济中的基本关系和本质关系。广义的产业结构是对各产业相互关系的一种宽泛的解释和理解，包括质态关系、数量关系、空间关系及产业内各企业间关系等。产业结构的表示通常使用以下两种指标来说明，一是每个产业的就业人数所占比例，二是各产业产值占国民经济总产值的比重。

统计数据表明，1949—2000年锡林郭勒盟以畜牧业为主，第一产业产值比重远远高于第二、三产业产值比重，说明该时间段内，畜牧业是研究区经济的主体产业，对区域经济发展贡献较大。进入21世纪，锡林郭勒盟抓住国家实施的西部大开发、振兴东北老工业基地等战略，依托资源优势及市场需求，大力实施"工业强盟"战略，积极推进新型工业化发展。

从锡林郭勒盟三产产值比重变化（见图3-4）可见，1949—2002年三产

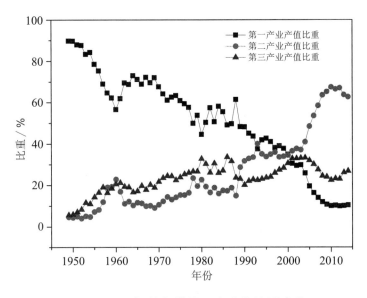

图3-4　锡林郭勒盟三产产值比重变化

产值比重排名顺序为第一产业＞第三产业＞第二产业，从2003年开始三产结构发生变化，第一产业产值比重直线下降，第二、三产业产值比重均呈上升态势，尤其是第三产业产值比重快速上升，产业结构不断升级优化。三次产业结构比例由2010年的10∶67.5∶22.5调整为2015年的10.5∶61.2∶28.3，总体呈现第三产业比重上升的趋势。从2000年开始，随着锡林郭勒盟大范围地开发利用矿产资源，工厂投资建设力度也扩大，导致第二产业发展迅速，第三产业发展相对缓慢。工业结构不断优化，能源工业的占比显著下降，以改装汽车、风机叶片为主的装备制造业从无到有，战略性新兴产业产值占据规模以上工业总产值比重达到12.1%，多元发展、多极支撑的新型工业化已见雏形。以物流、旅游、金融产业为代表的现代服务业逐渐活跃，成为经济发展的新引擎。近年来，锡林郭勒盟充分发挥地区旅游资源优势条件，旅游业发展迅速，地区财政收入有明显提高。但旅游景点及旅游项目雷同，景区规模小而散，整体竞争力不够强大，旅游产品相对单一，吸引层次较低，并没有充分挖掘草原旅游中的文化，导致草原旅游未能形成一个包含多种旅游项目、具有地区整体形象和旅游产品品牌效应的草原旅游产业。

（1）畜牧业与农业：锡林郭勒地区畜牧业发展历史可以分为恢复发展、曲折发展和稳定发展三个阶段。从1949年到50年代末期，锡林郭勒盟全面落实和实施"稳、长、宽"①特殊政策，并完成了对牧主、富牧的社会主义改造，且得到广大牧民的青睐，保护了牧业生产力。1958年实行"人民公社"，挫伤了牧民的积极性，畜牧业由增长趋势转变为停滞状态。从20世纪60年代初开始，锡林郭勒盟各个旗县市相继开始实行"两定一奖"制，为畜牧业发展提供了保障。从1980年开始，锡林郭勒盟又实施了牲畜承包经营生产责任制改革试点工作，执行"以牧为主、草业先行、多种经营、全面发展"的方针，逐渐走向了社会主义商品畜牧业发展道路。

锡林郭勒盟农业发展历史较短，开始于清朝末期。农区主要分布研究区西南部地区，包括多伦县、太仆寺旗及正镶白旗等。1949年前，农业的主要生产方式为靠天种田，其特点就是耕作粗放、广种薄收。1949年后，农业中逐步增加科学技术投入，但是由于所处的地理位置和自然环境的限制，以及频繁的自然灾害和盲目开垦草场，使农业生态环境日趋恶化，农业产值低且不稳定。

（2）工业发展历程：锡林郭勒盟工业主要是1949年以后慢慢发展起来的（见表3-4）。1947年之前，工业企业数量较少，多伦县和宝昌镇有几家小手工业作坊，生产一些日常生活用品。据资料统计，1945年锡林郭勒的工

---

① 稳、长、宽：锡林郭勒盟各级政府在内蒙古自治区党委制定的"不分不斗不划阶级、牧工牧主两利"政策背景之下，实行了"政策要稳、办法要宽、时间要长"的特殊政策。

业生产总值仅有250多万元。从1978年开始，工业有了快速发展，逐步建设了采矿、电力、石油、煤炭、化工、建材、皮革、毛纺、肉类加工、乳制品加工、粮油加工等企业，形成了特色鲜明、种类众多的工业体系。据资料统计，1992年共有460家工业企业，其中188家是全民所有制企业，272家是集体所有制企业，工业总产值为8.89亿元，比1949年增长了300多倍。能源工业的起步比较晚，主要包括石油开采、煤炭开采和电力工业。二连油田从1982年开始建设，到1989年开始投产，1992年生产原油100.5吨，并投资建成了阿尔山至赛汉塔拉的385千米的输油管道。

表3-4　主要工业产品产量（2015年数据）

产品名称	计量单位	产量
原煤	万吨	11 500
原油	万吨	133.1
发电量	亿千瓦时	377.7
水泥	万吨	710.3
铅锌铜精粉折金属量	万吨	22.1
锌锭	万吨	11
聚丙烯	万吨	9.2
锗锭	吨	13
黄金	千克	4 787
加工牲畜	万羊单位	772.3
白酒	万吨	3.7
花岗岩板材	万平方米	3 578.9

产业空间布局是产业在一定地域空间上的分布和组合状态，即企业组织、生产要素及生产能力水平在空间上表现的集中与分散情况。产业布局包

含以下几层含义：一是各产业在地域空间上的分布状况；二是产业地域分工与协作的关系，是各产业的地域组合；三是对产业在地理空间上的协同与组织；四是对产业空间转移与产业区域集群的战略部署和规划。研究某个区域的产业空间布局等于研究各产业部门在空间上的组合状态和布局的合理性。产业空间布局的研究对于区域经济社会发展具有不可忽视的意义，合理的产业空间布局对促进区域分工和加强经济协作发挥着不可磨灭的作用，有助于发挥区域资源优势，合理有效利用地区资源，提高区域资源综合利用价值和经济增长。

三、交通网络与基础设施

锡林郭勒盟形成了"三位一体"的综合交通网络，公路等级大幅度提升，高级、次高级路面里程不断增加，路网布局更趋合理，服务功能进一步完善。交通网络系统主要由公路、铁路、民航和管道等组成，其中公路对区域经济社会发展的作用最大，占主导地位。2010—2015年，区域内已经形成3条下海通道和2条自治区东西大通道；公路等级不断升级，新增高等级公路里程863千米；改扩建支线机场2个和通用机场1个，实现与北京和呼和浩特的定期通航。

从货运量和货运周转量变化（见图3–5）可以看出，自1950年以来，公路运输货运能力明显提高，尤其进入21世纪后呈飞跃发展态势。可达性是指利用一种特定的交通系统从某一给定区位到达活动地点的便利程度[1]，交通网络可达性某种意义上表示区域交通网络服务能力程度。从研究区可达性评价图上可以看出，可达性高的区域位于锡林浩特市周围地区，可达性值小于1.57小

---

[1] 李涛，曹小曙，黄晓燕. 珠江三角洲交通通达性空间格局与人口变化关系[J]. 地理研究，2012（9）：1661–1672.

时，而可达性最低的地区分布于镶黄旗和苏尼特右旗的西部地区，可达性大于6.29小时。

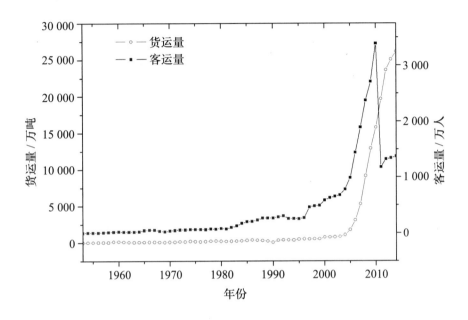

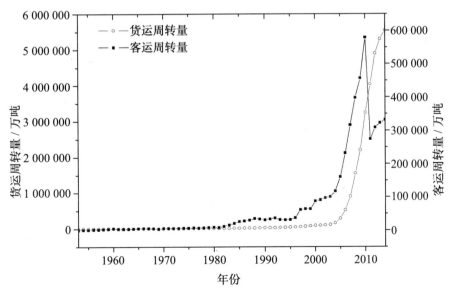

图3-5　货运量和客运量及其周转量

四、区域经济发展中存在的问题

（一）发展基础薄弱

锡林郭勒盟经济社会发展速度较快，但综合实力不强，经济总量小，产业结构单一，资源型产业比重较大，产品附加值低，循环经济发展程度不高，现代农牧业、先进制造业和服务业发展滞后，重大基础设施条件差等欠发达的基本状况还没有根本改变。区域经济增长和发展中过度依赖煤炭资源，煤炭工业作为基础产业，形成单一的煤炭开采为主，其他相关产业为辅助的产业结构系统。目前研究区煤炭初级产品占80%以上，企业和产品的市场竞争能力弱，容易受外部影响，形成煤炭"感冒"、经济"发烧"的现象。

（二）生态环境承载压力较大

随着城镇化与工业化的快速发展，区域社会经济也得到了较快发展，但由于生态环境长期透支，盲目追求经济利益，牲畜数量和人口数量迅速增长，大面积建厂开矿，对生态环境造成了巨大压力，加重区域人地矛盾。根据内蒙古自治区第三次草地资源复查数据，锡林郭勒盟土地退化面积达957.6万公顷，占草地面积的49.06%，到2002年，退化面积达1 260.2万公顷，占草地面积的64%。土地退化空间差异性明显，南部和西部地区的土地退化程度重于北部和东部地区。研究区依托丰富的自然资源条件，实现了城镇化和工业化的快速发展，但发展水平仍处于工业化、城镇化的初级发展阶段，以能源资源开发为主的产业结构，对资源环境和节能减排工程造成极大压力。2015年单位GDP能耗为0.895 3吨标准煤/万元，单位GDP能耗虽然呈现下降态势，但是经济发展对资源环境的压力仍然较大。

（三）科技创新能力不足

创新环境是使区域经济获得持续、稳定、快速发展的关键，对促进社会进步，增强综合国力有巨大作用。约瑟夫·熊彼特在"创新理论"中认为，创新是经济增长和发展的主要动力，强调了技术创新与经济增长的关系。高校和科研机构是区域创新能力源泉，可以提供知识和技术，同时也能直接参与新知识开发、生产、传播和应用。锡林郭勒盟创新能力水平较为薄弱，高等院校和科研院所数量较少，又缺乏与主导产业相关的科研机构和科研基地。企业生产多以初级产品加工为主，自主研发、科技创新的比重普遍不高。

（四）第三产业发展滞后，城乡二元结构明显

计划性开发中，国家长期实施"先生产、后生活"的原则，片面地强调生产，忽略基础设施建设。2014年，锡林郭勒盟的第三产业占GDP比重比全国、全区平均水平低21.4和12.6个百分点；中小企业和非公有制经济发展相对滞后，产业发展活力不强。在城乡发展上，随着煤矿的开发，因矿兴镇，城乡被严格分割开来，城乡二元结构十分突出。

第四节　人—地系统状态演变及作用机制探析

一、牧区人地关系演变特征

草原畜牧业生产是由牧民、牲畜及草场三个要素组成的封闭生态食物链。从人文地理学的人地关系的视角看，牲畜扮演着草原牧区的物质纽带的角色，草原牧区人地关系演变事实上主要由"人—畜—草"三者之间关系模式[①]的变化而呈现出来（见图3-6）。

---

① 海山. 内蒙古牧区人地关系演变及调控问题研究[M]. 呼和浩特：内蒙古出版社，2013.

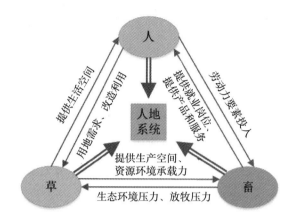

图3-6 牧区人—地系统中的人口—草地—畜牧业要素相互作用的概念关系

（一）古代牧区人地关系基本特征

这里所说的古代大致指公元前1000年中期至清朝之前的2000多年的时间。这个时期的畜牧业生产把"草"系统放在首位，保护草原高于一切，把"人"系统放在最后，换句话讲就是古代牧区人地关系结构模式是"草—畜—人"。当时的经济主体以草原游牧经济为基础，以游牧生活方式为主，主要信仰的宗教是崇拜自然的萨满教①。

（二）清代至1983年牧区人地关系基本特征

清代初期开始实施盟旗制度，导致游牧活动被限制在各旗县所辖之内，传统的游牧活动范围大大减少，牧区人地关系开始发生变化，出现不良运行机制，草原生态环境开始了最初的退化过程。这个时期牧区兴起了藏传佛教，改变了牧民自然崇拜的宗教信仰。萨满教是维持牧区人地关系和谐状态的重要制衡因素，是牧区人地关系文化的最重要的组成部分。萨满教的衰退和佛教的兴起必然会削弱牧区人地关系文化的制衡作用，从而影响牧区人地

---

① 格·孟和. 论蒙古族草原生态文化观[J]. 内蒙古社会科学（文史哲版），1996（3）：41–45.

关系的稳定发展。

（三）1983年至今牧区人地关系基本特征

1983年开始，牧区实施了"草畜双承包"政策，牧民自然崇拜信仰开始慢慢淡化，以追求经济、物质利益为核心的市场经济思想开始影响牧区。牧区人地关系变化的起因是"牲畜承包到户"，而"草场承包到户"政策是牧区人地关系变化的最根本因素。随着牧区实施"草畜双承包"政策，草原游牧畜牧业变为人定居，畜定牧，牧区社会经济系统的"畜—草—人"结构模式转变成"人—畜—草"结构模式（见表3-5）。

表3-5　草原牧区人地关系的演变

时期	宗教信仰	人地文化	生产方式	人地结构	人地关系
清代以前	自然崇拜	游牧文化	充分游牧	草—畜—人	人地和谐
清代至1983年	半自然崇拜	牧农文化	有限游牧	畜—草—人	人地"摩擦"
1983年至今	非自然崇拜	农工牧文化	完全定居	人—畜—草	人地矛盾

二、土地利用动态变化特征

区域土地利用变化是反映区域自然与人类活动的一面镜子，研究分析土地利用变化特征是揭示区域人类活动的最为直接有效的途径[1]，是自然生态环境与人类社会活动相互流通影响的纽带[2]。本研究选用了1975年MSS影像、1990年、2000年、2005年、2010年的Landsat TM和2015年OLI影像，遥感影像采集于天气条件较好的7~9月，云量均小于5%。在遥感软件NEVI的支持下，首先对原始的遥感影像进行波段合成、几何纠正、镶嵌裁剪等预处理，

---

① 吴琳娜，杨胜天，刘晓燕，等.1976年以来北洛河流域土地利用变化对人类活动程度的响应[J].地理学报，2014（1）：54-63.

② 刘纪远，匡文慧，张增祥，等.20世纪80年代以来中国土地利用变化的基本特征与空间格局[J].地理学报，2014（1）：3-14.

随后采用人机交互式目视解译方法，同时也结合实地调查、Google Earth等工具对研究区6个时期的土地利用和土地覆被类型进行解译，并在拓扑处理后进行野外验证，验证结果精度达到87%，可以满足本研究的需求。土地分类主要参考中国科学院20世纪土地利用和土地覆被时空平台的分类系统①以及先前锡林郭勒土地利用相关研究的分类，结合研究区的实际情况，将研究区土地利用系统划分为6大类。

本研究在ArcGIS10.6软件的支撑下，从土地利用总体动态、地类的活跃度和土地利用转移矩阵等方面探讨土地利用变化的数量及转变的方向，揭示锡林郭勒盟土地利用时空变化规律。土地利用数据处理步骤见图3-7。

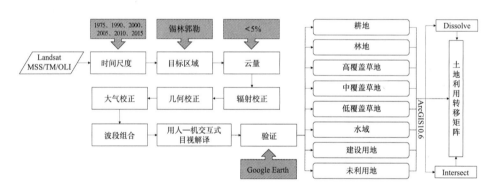

图3-7　土地利用数据处理步骤

（一）研究区不同时期土地利用类型构成

通过对锡林郭勒盟1975年、1990年、2000年、2005年、2010年和2015年的数据进行预处理，采用ArcGIS10.6的空间统计分析功能，同时结合研究区的实际情况，分别得到研究区6个不同时期的土地利用现状统计表和土地利用

---

① 刘纪远，张增祥，庄大方. 二十世纪九十年代我国土地利用变化时空特征及其成因分析[J]. 中国科学院院刊，2003（1）：35–38.

图，具体结果见表3-6。从统计结果上可以看出，整个研究区中草地类型所占面积最大，占整个面积的80%以上，并且是该研究区主要的土地利用类型，说明研究区是草地占绝对优势的景观类型。

表3-6 不同时期各土地利用类型面积统计

单位：平方千米

类型	1975年	1990年	2000年	2005年	2010年	2015年
耕地	3 844.41	4 338.54	5 434.07	5 165.51	4 637.16	4 663.77
林地	3 904.79	3 929.49	3 999.45	4 129.16	4 032.54	4 015.84
草地	177 486.54	176 343.93	173 893.94	174 862.12	177 133.68	175 479.54
水域	962.02	1 258.83	1 441.44	748.77	541.91	1 298.65
城镇建设用地	462.59	493.49	562.19	633.73	735.46	921.05
其他	14 016.16	14 312.24	15 345.47	15 137.21	13 595.78	14 297.68

锡林郭勒盟在研究时间段内的土地利用面积由大到小的排序没有发生变化，即草地＞其他＞耕地＞林地＞水域＞人工用地。从这5个时间段土地利用变化来看，土地利用结构整体上没有发生明显变化，只是在面积大小上发生了细微变化，没有影响草地的主导地位。

（二）土地利用总体动态度和活跃度

土地利用综合动态变化程度是表示区域土地利用变化速度的区域差异程度的指标，其值大小所代表的是人类活动对区域土地利用变化中发挥的作用力大小，具体计算公式见式（3-2）：

$$\text{area} = \sum_{i=1}^{n} \frac{\Delta \text{area}_{i-j}}{\text{area}_i} \bigg/ t \times 100\% \quad （3-2）$$

式中：area是t时间段里的区域土地利用综合变化程度；Δarea_{i-j}为第i个类型土地在研究时间段里转变成其他类型土地的面积总和；area_i为第i个类型土地在

研究开始时期的面积大小。

运用公式分别测算出1975—1990年、1990—2000年、2000—2005年、2005—2010年及2010—2015年5个时间段内的锡林郭勒盟土地利用类型变化率，见图3-8和表3-7。

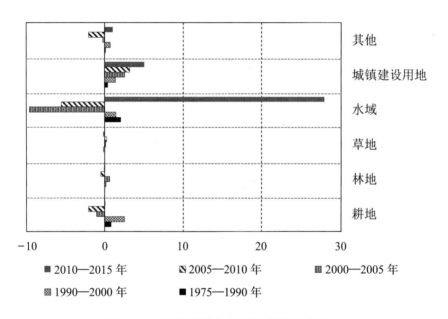

图3-8　不同时期土地利用类型变化率

从变化图上看，研究区土地类型整体上变化不强，其中人工用地面积呈现逐年上升态势，其余土地类型均呈现出相对波动变化趋势。水域波动变化强度最高，2010—2015年的变化率达到27.929%；人工用地变化率从1975—1990年的0.445%增长到2010—2015年的5.047%；其余的耕地、林地、草地和其他类型变化率波动不显著，在（-2，2）的范围内来回波动。

表3-7 单一土地利用类型动态变化

时间	单一土地利用类型年变化率/%					
	耕地	林地	草地	水域	人工用地	其他
1975—1990年	0.857	0.042	−0.043	2.057	0.445	0.141
1990—2000年	2.525	0.178	−0.139	1.451	1.392	0.722
2000—2005年	−0.988	0.649	0.111	−9.611	2.546	−0.271
2005—2010年	−2.046	−0.468	0.260	−5.525	3.211	−2.037
2010—2015年	0.115	−0.083	−0.187	27.929	5.047	1.033

由1975—2015年锡林郭勒盟各旗县市土地利用类型动态变化指数（见表3-8）可以看出，东乌珠穆沁旗耕地变化率最高（6.385 2%），说明耕地面积有明显增加；二连浩特市和太仆寺旗林地变化率分别为97.704 2%和11.604 6%，说明近年来国家实施退耕还林工程、三北防护林建设，导致该地区的林地面积变化最明显；从建设用地变化率看出，二连浩特市变化率最大（20.323 7%），其次是锡林浩特市（10.605 9%）。

表3-8 1975—2015年锡林郭勒盟各旗县市土地利用类型动态变化指数

单位：%

旗县市	耕地	林地	草地	水域	建设用地	其他
阿巴嘎旗	−1.194 2	0.000 0	−0.095 2	0.005 5	1.766 0	2.079 6
多伦县	−0.114 0	0.852 1	0.029 7	8.726 4	2.847 3	−0.620 9
东乌珠穆沁旗	6.385 2	−0.331 1	−0.019 4	2.303 0	4.115 4	−0.385 3
二连浩特市	0.000 0	97.704 2	−0.375 8	7.071 3	20.323 7	−1.903 4
苏尼特右旗	−0.850 3	2.113 1	0.006 8	−0.702 8	1.373 8	−0.071 5
苏尼特左旗	0.000 0	0.689 2	−0.021 0	2.564 0	0.369 2	0.208 9

续表

旗县市	耕地	林地	草地	水域	建设用地	其他
太仆寺旗	− 0.381 6	11.604 6	0.094 3	− 0.299 9	0.338 3	0.394 3
正镶白旗	2.000 1	0.098 7	− 0.075 8	0.744 4	0.650 3	− 0.929 9
西乌珠穆沁旗	− 1.039 5	0.029 2	0.019 8	1.088 7	1.537 9	− 0.209 0
锡林浩特市	1.534 0	− 0.119 1	− 0.018 4	− 1.563 7	10.605 9	− 0.238 9
镶黄旗	1.469 6	− 2.500 0	− 0.007 4	3.516 9	0.745 4	0.017 1
正蓝旗	0.700 3	− 0.727 3	− 0.128 5	− 0.495 5	5.308 1	0.783 2
平均值	0.709 1	9.117 8	− 0.049 2	1.913 2	4.165 1	− 0.073 0

（三）土地利用转移方向特征分析

区域土地利用空间格局变化反映了土地自然环境条件和社会经济发展条件的变化以及人为影响的变化[1]，研究区域土地利用空间格局变化对科学调整土地利用结构，优化及高效利用土地资源具有很重要的意义。本研究引用"源汇"理念，分析土地利用类型在不同时间段里的转变波动状态。

所谓的"源"，顾名思义指源头、源泉等，即变化过程的开始；"汇"指的是目标土地类型及其他类型的土地转变成目标类型，这时的目标土地类型视为"汇"（见图3-9）。土地利用转移矩阵计算通过ArcGIS10.6软件的Dissolve 命令，对土地利用类型合并，之后采用Intersect命令，进行叠加分析，提取土地利用类型发生变化的斑块，统计其面积，获得土地利用转移矩阵（见表3-9~表3-13）。

---

① 余新晓，郑江坤，王友生. 人类活动与气候变化的流域生态水文响应[M]. 北京：科学出版社，2013.

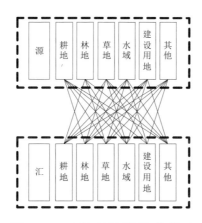

图3-9 土地利用"源汇"关系

表3-9 1975—1990年锡林郭勒盟土地利用变化转移矩阵

项目	耕地	林地	草地	水域	人工地表	其他	总计
耕地	3 753.643	0.000	66.427	0.000	1.232	23.109	3 844.412
林地	5.003	3 898.086	1.704	0.000	0.000	0.000	3 904.793
草地	577.696	31.413	175 926.038	17.296	29.658	904.440	177 486.542
水域	0.193	0.000	20.985	906.005	0.000	34.836	962.019
人工地表	0.000	0.000	0.000	0.000	462.599	0.000	462.599
其他	2.001	0.000	328.771	335.532	0.009	13 349.851	14 016.164
总计	4 338.536	3 929.499	176 343.926	1 258.834	493.499	14 312.236	

表3-10 1990—2000年锡林郭勒盟土地利用变化转移矩阵

项目	耕地	林地	草地	水域	人工地表	其他	总计
耕地	4 090.248	2.710	223.446	0.643	2.667	18.822	4 338.536
林地	3.562	3 873.865	52.011	0.000	0.061	0.000	3 929.499
草地	1 329.310	122.738	171 958.68	71.687	63.064	2 798.447	176 343.926
水域	0.316	0.136	47.720	1 027.728	0.305	182.629	1 258.834
人工地表	0.000	0.000	0.000	0.000	493.499	0.000	493.499
其他	10.631	0.000	1 612.078	341.379	2.580	12 345.568	14 312.236
总计	5 434.066	3 999.448	173 893.936	1 441.438	562.176	15 345.466	

表3-11 2000—2005年锡林郭勒盟土地利用变化转移矩阵

项目	耕地	林地	草地	水域	人工地表	其他	总计
耕地	5 025.096	10.703	383.503	0.318	9.613	4.833	5 434.066
林地	1.037	3 920.308	77.307	0.127	0.613	0.056	3 999.448
草地	130.126	192.464	170 967.369	28.413	58.443	2 517.119	173 893.936
水域	0.322	0.186	75.346	604.251	0.000	761.333	1 441.438
人工地表	0.000	2.404	0.114	0.000	559.658	0.000	562.176
其他	8.920	3.100	3 358.528	115.656	5.400	11 853.862	15 345.466
总计	5 165.501	4 129.165	174 862.167	748.765	633.728	15 137.203	

表3-12 2005—2010年锡林郭勒盟土地利用变化转移矩阵

项目	耕地	林地	草地	水域	人工地表	其他	总计
耕地	4 558.082	8.173	598.616	0.034	0.596	0.000	5 165.501
林地	0.183	4 010.146	117.288	0.000	1.548	0.000	4 129.165
草地	73.353	14.040	174 156.398	11.144	100.823	506.410	174 862.167
水域	0.000	0.000	99.739	460.260	0.000	188.767	748.765
人工地表	0.000	0.000	4.364	0.000	629.365	0.000	633.728
其他	5.540	0.180	2 157.277	70.471	3.131	12 900.605	15 137.203
总计	4 637.159	4 032.538	177 133.681	541.909	735.462	13 595.781	

表3-13 2010—2015年锡林郭勒盟土地利用变化转移矩阵

项目	耕地	林地	草地	水域	人工地表	其他	总计
耕地	4 449.792	0.408	172.594	0.160	13.583	0.621	4 637.158
林地	14.589	3 997.632	13.933	0.000	6.383	0.000	4 032.538
草地	190.779	16.891	174 357.382	140.053	173.452	2 255.120	177 133.677
水域	0.040	0.000	18.890	501.663	0.269	21.048	541.909

续表

项目	耕地	林地	草地	水域	人工地表	其他	总计
人工地表	3.238	0.875	15.024	0.265	715.056	1.004	735.462
其他	5.328	0.029	901.714	656.508	12.313	12 019.889	13 595.781
总计	4 663.766	4 015.835	175 479.537	1 298.649	921.055	14 297.682	

从1975—1990年锡林郭勒盟土地利用变化转移矩阵来看，耕地主要转化为草地和其他土地类型，转化比重为0.023 3%；林地主要转化为耕地；草地主要转化为耕地和其他类型，转化比重为0.835%；水域主要转化成草地和其他类型；其他类型土地主要转化为草地和水域。从土地利用转化类型统计表和空间分布状况图上发现，整体上的变化态势不是很明显，各类土地类型转化的面积比重不高，这是因为80%以上的土地类型是草地，导致区域内其他土地类型变化不明显，变化面积所占的比重不高。1990—2000年，土地利用类型转化特征主要表现为：耕地和林地类型主要转化成草地，草地主要转化成为耕地和其他类型。从整体上看，土地类型转换特点主要是草地类型变化最多，而其他类型的土地变化相对小。

三、城镇空间特征分析

（一）人口空间分布特征

明朝时期锡林郭勒盟人口约有5万，清朝约有11万。1912年，锡林郭勒盟十旗和察哈尔左翼四旗、四牧群，加上多伦、宝昌，人口共计135 503人，其中锡林郭勒盟的人口为122 438人。1934年，原锡林郭勒盟十旗人口为36 800人，比1912年的65 037人减少了28 237人。1935年，察哈尔左翼四旗、四牧群的人口为32 745人，比1912年的34 337人减少了1 592人。20世纪30年代中期，锡林郭勒盟十旗、察哈尔左翼四旗、四牧群（不包括锡林郭勒十旗喇嘛）的人口共计69 545人，加上多伦、宝昌，总人口为142 725人。从锡林郭勒盟各旗县市人口规模历史数据来看，中华人民共和国成立前，人口总体上呈现增长趋势，由1912年的112438人增长到1949年的196 441人（见表3-14）。[①]

表3-14　不同历史时期锡林郭勒盟人口规模

单位：人

旗县市	18世纪	1912年	20世纪30年代	1949年
锡林浩特市	12 000	9 171	6 468	6 147
阿巴嘎旗	16 500	12 746	5 050	6 512
苏尼特左旗	15 000	11 512	5 630	5 656
苏尼特右旗	9 750	7 479	4 500	9 355
东乌珠穆沁旗	12 000	8 000	6 735	9 799
西乌珠穆沁旗	19 500	16 129	12 261	11 816
太仆寺旗	—	16 970	41 205	84 465
镶黄旗	7 500	9 923	9 475	8 337
正镶白旗	10 500	5 461	10 181	6 451
正蓝旗	4 500	5 047	16 464	16 469
多伦县	6 500	20 000	31 975	31 434
合计	113 750	122 438	149 944	196 441
备注：1949年前二连浩特市归苏尼特右旗管辖				

　　1949年（205 249人）至1970年（591 448人）锡林郭勒盟人口增长了386 199人，年平均增长率为8.95%，是中华人民共和国成立后增长率最高的阶段，其原因有以下两点：一是干部和技术人员调入和许多农村人口由外地

[①] 《锡林郭勒盟志》编纂委员会.锡林郭勒盟志（上卷）[M].呼和浩特：内蒙古人民出版社，1996.

迁入锡林郭勒盟，导致人口的机械增长；二是医疗条件的改善导致出生人口增长和死亡人口减少，人口的自然增长率提高。20世纪70年代后人口出生率明显下降了，1971—1975年人口增长了114 414人，年均增长率为4.58%，比1949—1970年下降了4.37个百分点。锡林郭勒盟自1976年开始实施计划生育政策，出生率由1970年的36.5‰下降到1990年的15.6‰。

（二）城乡居民点空间分布特征

牧区居民点受外来因素影响较大，呈嵌入式的形成与发展过程，具有一些独特性。为适应牧区新型城镇化的实践需求，优化牧区城镇空间结构，本研究运用GIS空间分析技术、空间统计技术和景观指数测度等方法，分析研究区1975年、1990年、2000年、2005年、2010年及2015年聚落斑块的面积、规模、时空演变特征，为人—地系统演化研究提供基础。从聚落斑块的空间分布上发现，居民点空间分布呈现整体分散、局部集中分布特征，南部的太仆寺旗和多伦县、锡林浩特市以及东部的东乌珠穆沁旗乌拉盖管理区和西乌珠穆沁旗巴彦花地区集聚。

基于聚落数据进行标准差椭圆测度（见表3–15），结果显示研究区聚落斑块分布形态为椭圆，椭圆长轴方向与研究区的空间格局具有较强的一致性，即西南—东北向。聚落的平均中心（面积加权重心）位于阿巴嘎旗东南，1990—2012年，重心点向西北方向转移了22 921.127米，椭圆旋转角度分别为29.824°、37.365°，覆盖范围包括全盟的大部分地区。对比1990年和2012年的密度分布图，发现该地区基本为聚落高密度分布区。

表3-15 聚落标准差椭圆测算结果

项目	1975年	1990年	2000年	2005年	2010年	2015年
平均中心 x坐标/米	858 314.2	855 638.218	895 395.068	897 659.196	896 920.035	856 515.493
平均中心 y坐标/米	472 623.23	4 731 706.09	4 792 504.96	4 801 557.14	4 795 785.93	4 752 809.223
标准差距离 x坐标/米	135 821.919	138 173.753	131 968.022	133 845.884	132 893.732	142 996.948
标准差距离 y坐标/米	263 975.733	261 235.472	297 561.171	294 186.538	296 362.839	265 426.807
旋转角度/ (°)	29.810 91	31.247 608	29.111 63	30.124 14	29.609 048	37.365

（三）城镇空间结构特征

城镇是有一定数量的非农业人口集聚的地区，是某个区域政治、经济和文化的中心，具有较高的人口和建筑密度的聚落的一种特殊形态[①]。城与镇的区别在于"有商贾贸易者谓之市，设官防者谓之镇"。城镇是区域的缩影、中心和焦点，城镇兴起、发展和变迁过程与区域地理环境之间存在密不可分的关系。一方面，地理环境条件是区域城镇形成发展的物质基础；另一方面，城镇本身属于一种特殊的地理空间实体。城镇在区域人地关系系统中扮演着很重要的角色，尤其随着区域城镇化、工业化的快速发展，区域城镇体系成为带动整体区域发展的主力军，区域城镇体系及其空间分布等问题日益受到关注，成为多学科重点研究焦点和热点。城镇空间布局的合理与否直接影响到区域城镇化科学与否及区域社会经济系统是否健康可持续发展。深入

---

① 许学强，周一星，宁越敏. 城市地理学[M]. 北京：高等教育出版社，1997.

分析和研究区域城镇空间组织结构及其变迁特征，为区域城镇建设及城镇系统合理化布局等提供科学参考，对区域社会经济系统的调整发展、促进区域经济稳定和社会稳定发展有重要意义。

锡林郭勒盟的城镇整体上呈现均匀分散、南多北少的空间分布特点。城镇形成与发展过程中区域地理条件和自古以来的文化特征发挥了重要作用。锡林郭勒盟处于蒙古高原南缘，平均海拔高度在1 000米左右，地势平坦，有利于城镇的分散均匀分布。从城镇空间分布图上发现，研究区北部和东部的城镇密度低于南部的太仆寺旗和多伦县等农牧交错旗县，这两个旗县受到农耕文化的影响，导致迁入人口数量远远高于其余牧业旗县。另外，锡林郭勒南部地区的交通网络相对完善，因此带动该区域物质流动，促进人口规模的增长。

第四章

生态敏感区（域）人—地系统空间耦合特征

　　"人地"系统是由"人类社会系统"和"生态环境系统"等多个子系统交互构成的复合系统，各子系统均有各自的结构、功能及其发展规律（见图4-1）。"人"系统从"地"系统中获取物质、能量，又将人类活动过程中产生的排放物反馈于"地"系统。区域生态系统可以为社会提供所需要的服务，包括水、燃料、食品、建筑及娱乐设施等，形成一个相对完整的流空间，该流空间中的物质移动很明显，而能量和信息的流动不明显。人类系统的物质、能量和信息流向生态系统的现象被视为生态系统受到人类活动影响的结果。比如，人类利用生态系统中的某种物质时，不仅直接影响到生态系统，而且在利用该物质的过程中会将产生的废弃物返还给生态系统等[①]。"耦合"（Coupling）源于物理学，指两个或两个以上的电路元件或电网络的输入与输出间存在紧密配合与相互影响，并通过相互作用从一侧传输能量的现象，是一种通过各子系统间的良性互动，相互依赖、相互协调、相互促进的动态关联关系[②]。为了全面剖析生态敏感区（域）人—地系统耦合机制问题，构建表示"地"系统的生态环境敏感指数和表示"人"系统的活动强度指数的指标体系，探究研究区"人地"系统空间耦合特征。

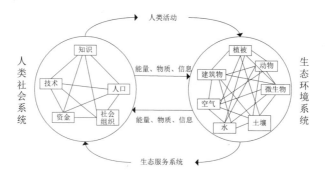

图4-1　人类社会系统与生态环境系统的相互作用

① 杰拉尔德，马尔腾 G. 人类生态学——可持续发展的基本概念[M]. 北京：商务印书馆，2012.
② https://baike.baidu.com/item/%E8%80%A6%E5%90%88/2821124?fr=aladdin.

　　锡林郭勒盟属于北方主要生态屏障，在工业化进程中不能以草原生态系统牺牲为代价，必须把草原生态保护放在首位。正如学者所言："内蒙古的优势不是资源富集，而是生态系统的天然性、多样性及稳定性，该地区的主要功能就是保障区域生态安全。开发利用矿产资源必须在生态环境承载能力阈值内，不能盲目地开发利用，如超出生态环境系统承载能力阈值，会导致区域生态系统崩溃。"[1]因此，全盘评价区域生态敏感水平和区域煤炭资源开发强度是区域空间失衡状态评价的基础工作。通过评价研究区生态敏感水平和煤炭资源开发利用强度，力图全面认识"人—地系统"发展状态。首先，综合评价研究区生态环境敏感性，并进行分区分级，揭示不同区域的生态敏感性高低；其次，全面考察研究区的经济、交通、土地及煤炭资源的空间分布及开发状态，并确定不同区域空间开发强度及矿产资源开发强度，在此基础上通过确定研究区生态敏感性与区域煤炭资源开发强度的空间组合特征来分析两者的空间耦合关系。不同空间耦合类型区域的空间失匹配状态不同，那怎么确定空间失匹配程度？从空间耦合类型中选出最优耦合，以空间均衡发展区域为标准，比较分析其余的空间耦合类型区，从而获得区域空间失衡点。区域空间不匹配是由哪些原因导致的？本研究从客观和主观两个方面探讨区域生态敏感性和矿产资源开发强度的空间不匹配的原因。

---

① 内蒙古自治区经济社会发展报告2006[M]. 呼和浩特：内蒙古教育出版社，2007.

第一节　生态敏感指数及其分区评价

生态敏感性是指在现有自然状况下生态系统某个生态过程潜在活动强度，用于表明其对人类活动反应的敏感程度，说明产生生态失衡与生态环境问题的可能性大小[1][2][3]。生态敏感性评价研究成为生态建设的确定和解决生态环境问题的主要途径[4]。生态敏感性评价的目的是确定区域发生生态环境问题潜在可能性及其危害程度大小，根据不同敏感区域制定适当的恢复和保护措施，为区域环境保护和区域合理规划提供科学依据。

一、构建评价指标体系

构建合理科学的指标体系是对生态敏感性作出客观评价的基础和前提。锡林郭勒盟气候干燥、降水量不充足、植被稀少及自然生态环境脆弱，土地退化、草原荒漠化、土壤盐碱化等生态问题相对突出。根据研究区自然生态环境实际状态，参考前人的相关研究成果，本研究在评价生态敏感性时重点筛选了土壤侵蚀、土地荒漠化、土壤盐渍化和生物多样性等因子和评价指标，构

① 刘康，欧阳志云，王效科，等. 甘肃省生态环境敏感性评价及其空间分布[J]. 生态学报，2003（12）：2711–2718.
② 李东梅，吴晓青，于德永，等. 云南省生态环境敏感性评价[J]. 生态学报，2008（11）：5270–5278.
③ 欧阳志云，王效科，苗鸿. 中国生态环境敏感性及其区域差异规律研究[J]. 生态学报，2000（1）：10–13.
④ 潘峰，田长彦，邵峰，等. 新疆克拉玛依市生态敏感性研究（英文）[J]. Journal of Geographical Sciences，2012（2）：329–345.

建生态敏感性评价指标体系。依据国家生态环保部制定的"生态功能区划暂行规划"中的区域生态敏感性评价指标与分级标准，同时结合研究区生态环境特征，将生态敏感评价指标依次划分为极敏感、高度敏感、中度敏感、轻度敏感和不敏感5个不同等级，具体评价指标分级赋值及分级标准见表4–1。

表4-1　区域生态敏感性评级指标及分级标准

分级		不敏感	轻度敏感	中度敏感	高度敏感	极敏感
土壤侵蚀敏感性	降雨侵蚀力R值	小于25	25~100	100~400	400~600	大于600
	地形起伏度/米	0~10	10~20	20~30	30~50	大于50
	土壤质地	石砾、沙	粗砂土、细砂土、黏土	面砂土、壤土	砂壤土、粉黏土、壤黏土	砂粉土、粉土
	地表覆盖类型	草地	林地	灌丛	荒漠	无植被
沙漠化敏感性	湿润指数	大于1	0.6~1	0.23~0.6	0.13~0.23	小于0.13
	冬春季节大风天数（大于6米/秒）	小于15	15~25	25~35	35~40	大于40
	地表物质类型	基岩	黏质	砾质	壤质	沙质
	冬春季植被覆盖	茂密	适中	较少	稀疏	裸地
盐渍化敏感性	蒸发量/降雨量	小于6	6~9	9~12	13~15	大于15
	地下水矿化度	小于1	1~4	4~10	10~16	大于16
	土地利用类型	未利用地	林地	草地	耕地	居民地、工矿用地及水域
分级赋值		1	3	5	7	9
分级标准		1~2	2.1~4	4.1~6	6.1~8	大于8

二、数据来源及处理流程

土壤敏感性评价是为了识别容易形成土壤侵蚀的区域，并评价区域土壤侵蚀对人类活动的敏感程度。本研究选取降雨侵蚀力R值、地形起伏度、土壤质地和地表覆盖类型四个方面评价土壤敏感性。降雨侵蚀力R值以焦菊英等[1]计算的125个城市的R值为基础，采用空间内插法，获取研究区R值空间分布图；地形起伏度的数据采用NASA SRTM 90米分辨率数据，计算研究区范围内的最大高差；土壤质地数据来源于中国土壤类型分布图及锡林郭勒盟地方志的相关材料；地表覆盖类型数据以土地利用现状图为依据，获得植被覆盖状况。

土地沙漠化敏感性选取了湿润指数、冬春季节大风天数、地表物质类型和冬春季植被覆盖等因子进行评价。其中湿润指数数据是根据锡林郭勒盟境内的15个气象站点降水量和日均气温≥10℃期间的稳定积温（中国气象科学数据共享服务网：http://data.cma.cn/），先计算出研究区的干燥度，干燥度的倒数就是湿润指数，利用GIS空间插值法可获得湿润指数空间分布。

干燥度指数是根据张宝堃等人[2]的方法进行计算的，见式（4–1）：

$$K = \frac{0.16 \sum t}{r} \qquad (4–1)$$

式中：K为干燥度；$\sum t$为日平均气温≥10℃期间的稳定积温；r为同时期降雨量。

冬春季节大风天数来源于研究区境内气象站点数据（中国气象科学数据共享服务网），据此可以测算出研究区冬春两季风速大于6米/秒的起沙风天数，在此基础上采用ArcGIS10.6的空间内插方法可以获得空间分布图；地表

---

① 焦菊英，王万忠. 中国的土壤侵蚀因子定量评价研究[J]. 水土保持通报，1996（5）：1–20.

② 张宝堃，朱岗昆. 中国气候区划草案[M]. 北京：科学出版社，1959.

物质类型空间分布矢量数据由内蒙古土地勘察院提供；植被覆盖数据是根据MODIS遥感影像数据计算获得的。

　　盐渍化敏感性评价由蒸发量/降雨量、地下水矿化度和土地利用类型组成。根据研究区气象数据（中国气象科学数据共享服务网）可以计算蒸发量与降雨量比值，并利用空间插值法获取空间分布图；基于内蒙古自治区地下水资源开发利用相关材料可获得地下水矿化度；根据TM遥感影像，通过人机交互式解译的方法可获取研究区土地利用类型。以上数据均在ArcGIS10.6软件支撑下进行矢量化处理，并转换成栅格数据，为接下来空间叠加处理提供方便，将各指标栅格数据投影和坐标转换成统一投影和坐标系统，并将栅格大小统一为1千米×1千米，可得出各评价指标的归一化值空间分布状况。

三、评价方法及模型

（一）单因子评价方法

　　采用线性加权求和方法逐步进行集成计算，依次获得研究区土壤侵蚀敏感性、沙漠化敏感性及盐渍化敏感性指数评价结果，加权综合集成的计算公式见式（4-2）：

$$SS_j = \sqrt[n]{\prod_{i=1}^{n} C_i}$$

$$DS_j = \sqrt[n]{\prod_{i=1}^{n} D_i}$$

$$YS_j = \sqrt[n]{\prod_{i=1}^{n} S_i}$$

$$EES = \max(S_j) \tag{4-2}$$

式中：SS_j、DS_j 和 YS_j 分别表示第 j 个空间单元的土壤侵蚀敏感性指数、沙漠化敏感指数和盐渍化敏感指数；C_i、D_i和S_i分别为第i个指标敏感性等级值；EES为综合生态环境敏感性；S_j为第j个因子的敏感水平。

（二）多因子生态敏感性综合评价方法

综合敏感性评价涉及诸多影响因子的控制，系统中的某一个因子受到的影响超过阈值，整个生态系统将遭受严重的破坏。为了突出表现生态环境问题的敏感性，综合评价生态敏感性时，采取各因子敏感评价结果中的最大值进行综合评价，即采用极大值法，见式（4-3）：

$$I = \max (S_j) \tag{4-3}$$

式中：I为综合生态敏感性评价指数；S_j为第j个因子的敏感指数。多因子生态敏感性综合评价结果仍采用表4-2的分级标准进行生态敏感程度等级划分。

四、生态敏感性综合评价结果

根据生态敏感性评价指标体系，利用单因子和多因子评价方法，分别对锡林郭勒生态敏感性、土壤侵蚀敏感性、沙漠化敏感性及盐渍化敏感性进行评价，利用"生态功能区划暂行规划"标准，在征求专家意见基础上进行生态敏感性等级划分，最后得出土壤侵蚀敏感性、沙漠化敏感性、盐渍化敏感性及综合生态敏感性等级空间分布图。此基础上，利用ArcGIS10.6软件Spatial Analyst模块统计出不同地区的不同等级面积。

（一）土壤侵蚀敏感性分析

锡林郭勒盟地处内陆深处，自然环境条件恶劣，属于季风边缘地区，干旱少雨等不利的气候条件是生态环境恶化的重要推手，土壤侵蚀和水土流失现象是其具体表现形式。在北方草原区和农牧交错带，由于自然生态环境因素和不合理人类活动，使脆弱敏感的生态环境遭到严重破坏，制约锡林郭勒草原牧区生态环境和社会经济的可持续发展，同时危及京津唐等地区的生态安全。本研究选取降雨侵蚀力、地形起伏度、土壤质地和地表覆盖类型四个因子，在ArcGIS10.6软件的空间叠加分析模块支撑下分析研究区土壤侵蚀敏感性的空间分布状况。

锡林郭勒盟土壤侵蚀敏感性以轻度敏感为主，占研究区总面积的46.808%，不敏感和中度敏感分别占33.976%和13.775%（见表4-2）。锡林郭勒盟土壤侵蚀敏感性存在显著的空间差异性。从每个旗县市的土壤侵蚀敏感性占比来看，高度敏感和极敏感的占比不是很高，占比均低于10%，其余三个敏感类型在各旗县市的比重较高。二连浩特市10.00%的区域属于高度敏感类型，苏尼特左旗7.97%的区域和正蓝旗8.80%的区域属于高度敏感类型；西乌珠穆沁旗5.43%的区域属于极敏感类型；中度敏感和轻度敏感类型区域主要分布于南部的多伦县和太仆寺旗，西部的二连浩特市和苏尼特右旗，中部的锡林浩特市，东部的东乌珠穆沁旗，以上区域共同的特点是海拔较高，地形坡度较高，水力侵蚀较强。不敏感类型区域占比高的有西乌珠穆沁旗、锡林浩特市和阿巴嘎旗，以上三个地区50%以上的面积均属于不敏感类型（见表4-3）。

表4-2　不同等级生态敏感性区域的面积及其比重

类型	土壤侵蚀敏感性		沙漠化敏感性		盐渍化敏感性		综合生态敏感性	
	面积/平方千米	比重/%	面积/平方千米	比重/%	面积/平方千米	比重/%	面积/平方千米	比重/%
不敏感	68 114	33.976	42 800	21.427	186 101	92.795	21 311	10.676
轻度敏感	93 841	46.808	39 097	19.573	2 476	1.235	49 794	24.944
中度敏感	27 616	13.775	82 446	41.274	688	0.343	85 714	42.938
高度敏感	8 061	4.021	34 422	17.232	10 953	5.461	39 392	19.733
极敏感	2 847	1.420	986	0.494	332	0.166	3 410	1.708

表4-3　各旗县市不同等级土壤侵蚀敏感性区域的面积比重

单位：%

旗县市	不敏感	轻度敏感	中度敏感	高度敏感	极敏感
阿巴嘎旗	54.54	31.18	11.92	2.34	0.02
东乌珠穆沁旗	11.01	86.10	2.28	0.39	0.22
多伦县	26.17	36.44	32.52	4.82	0.05
二连浩特市	1.11	65.00	23.89	10.00	0.00
苏尼特右旗	20.24	51.84	19.45	6.81	1.65
苏尼特左旗	32.57	38.62	19.21	7.97	1.62
太仆寺旗	15.06	40.85	41.14	2.95	0.00
西乌珠穆沁旗	78.25	9.67	3.00	3.65	5.43
锡林浩特市	54.94	35.97	6.38	1.94	0.77
镶黄旗	18.48	58.93	18.07	3.73	0.78
正镶白旗	14.37	38.03	43.05	3.77	0.79
正蓝旗	22.12	29.70	36.32	8.80	3.07

（二）沙漠化敏感性分析

锡林郭勒盟属于典型草原地区，在气候变化等客观因素和人类活动为主的主观因素的双重作用下，草原沙漠化现象越来越严重[1]。相关研究结果表明：锡林郭勒盟退化草原面积占全盟草原面积的64%[2]，沙化草原面积

---

① 王海梅. 锡林郭勒盟荒漠化状况的时空变化规律分析[J]. 安徽农业科学，2012（13）：7839–7841.

② 杨光梅，闵庆文，李文华. 锡林郭勒草原退化的经济损失估算及启示[J]. 中国草地学报，2007（1）：44–49.

2 904.76万亩，占全盟草原总面积的10.02%[①]。进入21世纪后，草原区表现出荒漠化加剧的现象，因此，为了加强草原区的生态保护与受损生态系统的恢复重建工作，本研究选取湿润指数、地表物质类型、大风天数和植被覆盖状态等指标来评价锡林郭勒沙漠化敏感性。

通过研究发现，锡林郭勒盟土地沙漠化主要以中度敏感、轻度敏感和不敏感为主；中度敏感区域面积为82 446平方千米，占研究区总面积的41.274%；轻度敏感和不敏感区域分别占19.573%和21.427%；高度敏感区域占17.232%；而极敏感区域仅占0.494%（见表4-2）。土地沙漠化敏感性在空间分布上呈现出明显的空间差异性，极敏感和高度敏感区域主要分布在研究区西部及西北部地区，包括二连浩特市、苏尼特右旗、阿巴嘎旗、苏尼特左旗及镶黄旗等。其中苏尼特左旗的极敏感区域占全部极敏感区域的77%以上，排在第一位，其后是阿巴嘎旗和苏尼特右旗，占全部极敏感区域的17%左右。以上地区的地表物质多数以砾沙为主，植被覆盖度不高，导致该地区的土地沙漠化敏感性较高。土地中度沙漠化敏感区域的分布最为广泛，空间上大致分布于高度敏感区域的外围，即高度敏感区域向轻度敏感区域过渡分布。

苏尼特左旗的中度敏感区域分布最广，占全部中度敏感区域的22.53%，其次是苏尼特右旗和阿巴嘎旗，分别占全部中度敏感区域的16.23%和13.96%。轻度敏感和不敏感区域主要分布在研究区的中部和东部地区，主要包括东乌珠穆沁旗、西乌珠穆沁旗和锡林浩特市等。其中东乌珠穆沁旗的轻度敏感和不敏感区域占全部轻度和不敏感区域的比重最高，分别高达43.22%和42.37%。这些区域植被覆盖条件较好、沙源地分布少、气候相对湿润，导

---

① 闫志辉. 内蒙古锡林郭勒盟退化与沙化草地现状及治理对策[J]. 现代农业科技，2014（8）：232–236.

致该地区土地沙漠化敏感性相对较低。土地沙漠化敏感性整体空间分布上呈现出"西高东低"的特征，从东向西由轻及重，依次为不敏感—轻度敏感—中度敏感—高度敏感—极敏感。沙漠化敏感性出现上述分布特征，与草原植被覆盖、气候条件的空间分布的基本规律吻合。随着区域人类活动强度的日益扩大，草原生态环境被破坏，草原沙漠化面积不断扩张，但通过实施保护草原生态环境和风沙治理的项目，草原沙化现象得到控制，甚至开始好转。

表4-4是各旗县市不同等级沙漠化敏感性区域的面积比重。其中，东乌珠穆沁旗和西乌珠穆沁旗的不敏感区域占全旗总面积的比重最高，分别为39.68%和52.30%；太仆寺旗的轻度敏感区域占比最高，达到51.63%；二连浩

表4-4　各旗县市不同等级沙漠化敏感性区域的面积比重

单位：%

旗县市	不敏感	轻度敏感	中度敏感	高度敏感	极敏感
阿巴嘎旗	23.84	21.09	42.45	12.30	0.31
东乌珠穆沁旗	39.68	36.98	17.69	5.63	0.01
多伦县	20.86	28.00	50.85	0.29	0.00
二连浩特市	0.00	0.59	31.76	65.88	1.76
苏尼特右旗	0.34	5.72	51.63	41.99	0.33
苏尼特左旗	2.88	4.92	54.69	35.26	2.24
太仆寺旗	16.73	51.63	31.58	0.06	0.00
西乌珠穆沁旗	52.30	13.87	33.69	0.13	0.00
锡林浩特市	21.06	31.35	43.03	4.54	0.01
镶黄旗	0.00	28.54	31.84	39.46	0.16
正镶白旗	0.68	11.81	57.00	29.88	0.62
正蓝旗	6.09	3.09	81.94	8.88	0.00

特市65.88%的区域属于沙漠化高度敏感区域，镶黄旗39.46%的区域也属于高度敏感区域；其余的阿巴嘎旗、多伦县、苏尼特右旗、苏尼特左旗、锡林浩特市、正镶白旗及正蓝旗等旗县市有一半以上的面积属于中度敏感区域，其中正蓝旗81.94%的区域是中度敏感区域。

（三）盐渍化敏感性分析

土壤盐渍化基本上出现在气候类型为干旱半干旱、蒸发强度较高、地下水位高且富含可溶解性盐类的地区[①]。本研究选蒸发量/降水量、地下水矿化度和土地利用类型等指标来评价研究区的盐渍化敏感性水平。

土地盐渍化不敏感区域占研究区总面积的92.795%，其余等级的盐渍化敏感性区域面积只占7.205%，分散分布在研究区的全域，说明锡林郭勒地区盐渍化程度不高，对综合生态敏感性评价影响较小。从各旗县市不同等级盐渍化敏感性区域的面积比重来看（见表4-5），阿巴嘎旗和苏尼特右旗出现盐渍化极敏感区域，其余旗县市未出现盐渍化极敏感区域。盐渍化高度敏感区域占比较高的旗县市包括多伦县、太仆寺旗等，以上旗县10%左右的空间属于高度敏感类型。

表4-5　各旗县市不同等级盐渍化敏感性区域的面积比重

单位：%

旗县市	不敏感	轻度敏感	中度敏感	高度敏感	极敏感
阿巴嘎旗	95.67	0.88	0.49	2.70	0.25
东乌珠穆沁旗	90.19	2.77	0.98	6.07	0.00
多伦县	88.18	0.00	0.00	11.82	0.00

① 孙倩，塔西甫拉提·特依拜，丁建丽，等. 干旱区典型绿洲土地利用/覆被变化及其对土壤盐渍化的效应研究——以新疆沙雅县为例[J]. 地理科学进展，2012（9）：1212-1223.

续表

旗县市	不敏感	轻度敏感	中度敏感	高度敏感	极敏感
二连浩特市	96.09	0.00	0.00	3.91	0.00
苏尼特右旗	93.53	0.59	0.00	4.86	1.02
苏尼特左旗	92.14	1.86	0.00	6.00	0.00
太仆寺旗	89.70	0.00	0.00	10.30	0.00
西乌珠穆沁旗	93.41	0.35	0.00	6.24	0.00
锡林浩特市	98.39	0.03	0.00	1.59	0.00
镶黄旗	91.83	1.76	1.49	4.92	0.00
正镶白旗	88.04	0.00	0.00	11.96	0.00
正蓝旗	93.57	0.00	0.29	6.13	0.00

（四）综合生态敏感性分析

在生态敏感性单因子评价基础上，采用GIS空间分析技术，根据多因子综合评价模型，对锡林郭勒盟综合生态敏感性进行评价，具体研究结果如下：锡林郭勒盟综合生态敏感性主要以中度敏感为主，占研究区总面积的42.938%，主要分布在研究区中西部的大部分地区及东部的部分地区，包括太仆寺旗、多伦县、正蓝旗和正镶白旗等；高度敏感和轻度敏感区域分别占总面积的19.733%和24.944%，高度敏感区域在二连浩特市、苏尼特右旗和镶黄旗所占的比重较高；而极敏感区域仅占总面积的1.708%，主要分布于西乌珠穆沁旗、苏尼特左旗和正蓝旗。

锡林郭勒地区生态敏感性整体较高，总的分布规律为从东向西由低到高过渡排列。极敏感区域的空间分布格局上呈现相对集中，而其他类型敏感区域的空间分布是比较分散的。空间分布规律与研究区包括气候、草原类型在内的自然环境条件的区域空间差异基本吻合，说明生态敏感性空间分布规律的形成离不开自然环境条件。

从图4-2和表4-6可以看出，三种不同类型草原的生态敏感性存在差异性，草甸草原生态敏感性主要以不敏感和轻度敏感为主，分别占草甸草原总面积的43.869%和35.554%，草甸草原高度敏感和极敏感只占草甸草原总面积的0.896%；典型草原生态敏感性主要以中度敏感为主，占典型草原总面积的45.241%；而荒漠草原生态敏感性主要以中度敏感为主，占荒漠草原总面积的54.991%，而荒漠草原地区生态不敏感区域占的比重极少，只有0.086%。从空间分布规律上看，随着从东到西草原类型的演替，生态敏感性类型从东到西呈不敏感—轻度敏感—中度敏感—高度敏感—极敏感演替特征。

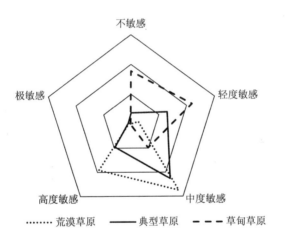

图4-2 不同类型草原的各敏感等级雷达图

表4-6 不同类型草原的综合生态敏感性区域的面积比重

单位：%

草原类型	不敏感	轻度敏感	中度敏感	高度敏感	极敏感
荒漠草原	0.086	5.179	54.991	38.275	1.469
典型草原	7.468	26.023	45.241	19.162	2.106
草甸草原	35.554	43.869	19.681	0.519	0.377

从各旗县市不同等级综合生态敏感性区域的面积比重（见表4-7）来看，西乌珠穆沁旗42.53%的区域属于不敏感区域，中度敏感和轻度敏感区域分别占全旗面积的33.78%和15.27%，高度敏感区域比重最低（3.15%），其余5.27%的区域属于极敏感区域。西乌珠穆沁旗属于草甸草原和典型草原地区，植被覆盖率高，同时降水量和湿润度均相对较高，导致该地区近一半区域属于生态不敏感区域。二连浩特市、苏尼特右旗和镶黄旗的综合生态敏感性以高度敏感为主，分别占全市或全旗面积的68.24%、46.92%和41.91%。上述三个地区的不敏感区域面积比重特别小，甚至可以忽略不计。这些地区均属于荒漠草原地区，草原植被覆盖率较低，土壤侵蚀力较强，土地沙化现象明显，部分地区由于人类不合理开发对草原生态环境造成严重破坏。东乌珠穆沁旗60.93%的区域属于轻度敏感区域，只有0.18%的区域是极敏感区域。东乌珠穆沁旗生态环境基底条件较好，是草甸草原的核心组成部分，植被覆盖较高，土壤侵蚀较弱，湖泊、戈壁的部分地区出现盐渍化现象，综合生态环境敏感性较小，生态环境状态良好，将来应注重生态环境保护和生态环境平衡，以建设生态基础设施为重点，加强区域合理开发利用。阿巴嘎旗、多伦县、苏尼特左旗、苏尼特右旗、太仆寺旗、锡林浩特市、正镶白旗和正蓝旗等地区的中度敏感区域占全旗县市面积的比重较大，中度敏感区域比重从大到小顺序为：正蓝旗＞多伦县＞太仆寺旗＞正镶白旗＞苏尼特左旗＞苏尼特右旗＞阿巴嘎旗＞锡林浩特市。该类地区的共同特点是：属于典型草原地区，草原生态植被条件中等，生态环境容易受到外界的干扰和破坏，生态环境的稳定性较差，将来应注重自然环境和人类活动强度的平衡性，通过保护生态环境，力求降低生态环境敏感性。

表4-7　各旗县市不同等级的综合生态敏感性区域的面积比重

单位：%

旗县市	不敏感	轻度敏感	中度敏感	高度敏感	极敏感
阿巴嘎旗	15.52	25.32	45.16	13.67	0.34
东乌珠穆沁旗	10.80	60.93	22.20	5.89	0.18
多伦县	6.82	21.65	67.07	4.41	0.05
二连浩特市	0.00	0.00	30.59	68.24	1.18
苏尼特右旗	0.05	4.52	46.86	46.92	1.65
苏尼特左旗	0.79	4.24	52.98	38.76	3.22
太仆寺旗	1.76	28.85	66.70	2.70	0.00
西乌珠穆沁旗	42.53	15.27	33.78	3.15	5.27
锡林浩特市	12.09	36.68	44.20	6.25	0.78
镶黄旗	0.00	19.80	37.46	41.91	0.82
正镶白旗	0.05	4.18	63.47	31.23	1.07
正蓝旗	0.65	3.08	78.40	15.02	2.85

第二节　区域煤炭资源开发强度评价

一、煤炭资源开发及其影响

随着快速的城镇化与工业化步伐，锡林郭勒盟近年来也大范围进行矿产资源开发利用，不合理的开发行为给当地牧民生活生产方式及草原生态环境带来了一系列棘手问题。著名经济学家刘易斯提出自然资源绝非经济增长的充分条件，只有在合理地利用与管理自然资源的前提下，资源才会起到支撑经济增长的作用[①]。丰富的自然资源禀赋条件与区域经济社会发展之间并不存在必然联系（见图4–3）。资源丰富的国家或地区，如果没有合理开发利用其资源，不但不能促进经济增长，反而很有可能陷进资源依赖的增长陷阱，导致区域产业结构失去平衡，生态环境遭到破坏，出现"资源诅咒"现象。锡林郭勒盟丰富的矿产资源是该地区经济发展的"诅咒"还是"福音"？这需要对牧区矿产资源的开发、对原本脆弱敏感的草原生态系统的响应及矿产资源开发与当地文化之间的冲突等问题进行深入研究。

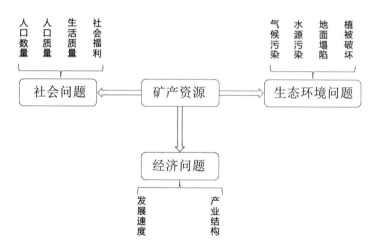

图4–3　矿产资源开发利用与生态环境、社会经济关系

（一）煤炭资源开发与经济发展

矿产资源是区域工业化进程中的重要物质基础[②]。矿产资源的过度开发利用会给区域经济带来快速发展，但是这个繁荣过程会很短暂。从相对较长的时间角度上看，过度依赖矿产资源开发而发展起来的国家或地区的经济会进

---

① 刘易斯.经济增长理论[M].北京：商务印书馆，1996.

② 沈国航.中国环境问题院士谈[M].北京：中国纺织出版社，2001.

入一个缓慢增长或者停滞的状态，例如非洲国家、中东地区，甚至荷兰等发达国家。出现以上现象是因为矿产资源行业自身的特殊性质导致的。矿产资源产业的技术含量不高，产业之间的关联程度较低，但是在矿产资源开发利用初期投资的回报率很高；矿产资源行业的这个特点吸引了投资者的眼球，导致政府部门为了跟得上经济快速增长的步伐，在区域发展战略选择上把采掘业放在首要位置。如果不严格管控对矿产资源的开发强度，就会陷入区域经济发展过度依赖矿产资源的风险，带来区域生态环境的破坏、资源浪费、区域居民收入分配不公正等一系列生态环境问题和社会矛盾。

随着"荷兰病"现象的出现，人类对传统的经济观念产生了怀疑，即丰富的自然资源条件没有给区域带来经济发展，反而制约着区域经济的发展，也就是说某些自然资源非常丰富的国家或地区的经济发展速度远远不如资源匮乏的国家或地区。"资源诅咒"这一概念最早是由Auty研究矿产与国民经济水平时提出的。国内外研究者对资源诅咒现象验证与传导机制获得丰富的研究成果[1]。Sachs[2]、Gylfsson[3]和Papyrakis等[4]均从区域经济发展水平（GDP）与资源开发之间的关系出发，认为自然资源丰富区域的经济发展中，资源禀赋条件与经济增长之间存在一种负相关关系，即"资源诅咒"现象。2005年，徐康宁等在《中国区域经济的"资源诅咒"效应：地区差距的

[1] AUTY R M. Mineral Wealth and the Economic Transition:Kaza–Kstan[J]. Resources Policy, 1998, 24（4）：241–249.

[2] SACHS J D. Natural Resource and Economic Development: The Curse of Natural Resources[J]. European Economic Review, 2001（45）：827–838.

[3] GYLFSSON T. Nature, Power and Growth, Scottish Journal of Political Economy[J]. Scottish Economic Society, 2001, 48（5）：558–588.

[4] PAPYRAKIS E, GERLAGH R. Resource Abundance and Economic Growth in the United States[J]. European Economic Review, 2007（51）：1011–1039.

另一种解释》一文中首次验证了中国"资源诅咒"现象[①]。李雪梅等以新疆为研究单元，选用矿产资源开发、区域经济发展指标、城镇化与工业化水平指标，探讨新疆地区区域矿产资源开发、经济发展、工业化和城市化的基本特征，并在此基础上建立动态计量模型，验证矿产资源开发利用与区域经济发展之间的关系[②]；李天籽利用1989—2003年中国省级面板数据，从自然资源丰裕度与区域经济发展层面考察"资源诅咒"现象，并对其传导路径进行了实证分析[③]；徐盈之等对内蒙古地区自然资源禀赋优势与区域经济发展之间的关系进行计量检验，从而检验"资源诅咒"，并提出相关政策启示[④]。国内的主要研究层集中在省级，很少涉及地级市层面的研究，本研究选择锡林郭勒盟为研究对象，验证是否存在"资源诅咒"。

为了验证研究区"资源诅咒"现象，本研究从资源丰裕度和资源开发强度与区域经济发展水平之间的关系入手进行实证研究。资源丰裕度是指一个国家或地区的矿产资源的赋存程度，可以用矿产资源的储量或人均储量来表示。某个国家或地区的矿产资源存量丰富，在经济发展战略的选择上政府部门往往会倾向于矿产资源部门的投资与发展，将丰富的矿产资源带进经济活动中，影响着国家或地区的经济增长。在矿产资源进入经济活动的过程中，由于政府部门对矿产资源的认识不够，认为只要对矿产资源进行充分开发利

① 徐康宁，韩剑. 中国区域经济的"资源诅咒"效应:地区差距的另一种解释[J]. 经济学家，2005（6）：97–103.

② 李雪梅，张小雷，杜宏茹，等.矿产资源开发对干旱区区域发展影响的动态计量分析——以新疆为例[J]. 自然资源学报，2010（11）：1823–1833.

③ 李天籽. 自然资源丰裕度对中国地区经济增长的影响及其传导机制研究[J]. 经济科学，2007（6）：66–76.

④ 徐盈之，胡永舜.内蒙古经济增长与资源优势的关系——基于"资源诅咒"假说的实证分析[J].资源科学，2010（12）：2391–2399.

用就会促进经济的快速发展，于是只关注采掘业的发展，忽略了非资源部门的投资和发展，最终导致资源富集型地区陷入"资源优势的陷阱"。该类国家或地区没有充分利用好资源丰裕的优势，反而使资源富集型地区的经济发展过度依赖资源，形成"资源病"，给区域经济系统带来了巨大风险。

　　进行实证验证之前，通过绘制资源禀赋条件与区域经济发展水平之间的散点图来做初步观察，以便了解区域经济发展与资源禀赋条件之间的关系，为接下来的计量分析提供基础。本研究以锡林郭勒盟1949—2014年原煤产量的对数值为纵轴，以人均GDP的对数值为横轴，绘制两者之间的关系图（见图4-4）。由图4-4可以看出，近半个世纪锡林郭勒盟GDP上升态势比较显著，表明经济取得了很大程度的发展；经济发展和资源开发量变化具有相同的规律，说明自然资源的开发利用对区域经济发展有非常重要的支撑作用，对区域经济增长具有促进作用。

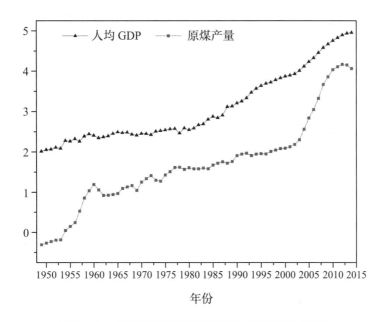

图4-4　煤炭资源产量与经济发展的变化趋势

为了进一步验证研究区是否存在"资源诅咒"现象，采用了资源开发强度的概念。资源开发强度是指资源开发的规模或开发活动的强度。一个国家或地区的资源丰富度与矿产资源的开发强度之间没有必然关系。衡量矿产资源开发强度的指标主要有采掘就业人数[①]、采掘业固定资产投资、矿产资源贸易量、人均矿产资源贸易量、采掘业增加值或人均采掘业增加值。区域资源通过开发，并通过市场的流通才能对经济造成影响，因此本研究选用资源开发强度来表示区域资源丰裕程度。徐康宁等[②]通过研究证明了区域资源禀赋与采矿业从业人数在1%的显著性水平上呈现正相关关系。资源开发强度值是采矿业从业人数在社会全部从业人数中的比重值。除了资源条件，还需要引入相关控制变量，从而满足其他因素对区域经济发展的影响。

纵观相关研究文献材料中资源开发对经济发展影响因子，并基于数据获取性，本研究选取以下几个控制变量：滞后一期的人均GDP、物资资本（全社会固定资产投资/GDP）、消费能力（社会消费品零售总额/GDP）、人力资源（普通中学在校人数/区域总人口数）及技术创新条件（技术人员数量/总人口）等（见表4-8）。

表4-8 变量描述说明

变量类型	符号	定义	度量指标
被解释变量	EG	人均GDP增长率	人均GDP的对数差分法
解释变量	RD	自然资源开发度	采矿业从业人数/社会全部从业人数

① 邵帅，杨莉莉. 自然资源丰裕、资源产业依赖与中国区域经济增长[J]. 管理世界，2010（9）：26-44.

② 徐康宁，王剑. 自然资源丰裕程度与经济发展水平关系的研究[J]. 经济研究，2006（1）：78-89.

续表

变量类型	符号	定义	度量指标
控制变量	LG	GDP	滞后一期的GDP
	MCI	物资资本	全社会固定资产投资/GDP
	CL	消费能力	社会消费品零售总额/GDP
	HC	人力资源	普通中学在校人数/区域总人口数
	TI	技术创新	技术人员数量/总人口

本研究选的时间段为2005—2015年，共10年，研究基本单元为12个旗县市，最终的面板数据集由12个截面单位11年的数据构成，每个变量有132个样本，数据来源于锡林郭勒盟统计年鉴（2004—2016）[①]。面板数据常用计算方法有OLS模型、随机效应模型及固定效益模型，考虑到每个研究单元之间初始条件的差异性，本研究采用固定效应模型进行估计，具体计算在Eviews软件里实现。各变量的统计描述见表4-9。

表4-9　各变量的统计描述

变量名称	N	极小值	极大值	均值	标准差
$\ln(y)$	132	8.650 0	12.098 6	10.784 8	0.752 5
$\ln(x1)$	132	−4.155 6	−0.356 7	−2.511 4	0.718 4
$\ln(x2)$	132	−2.402 6	−0.834 3	−1.568 3	0.374 3
$\ln(x3)$	132	−1.387 5	1.274 5	−0.194 3	0.435 4
$\ln(x4)$	132	−4.494 9	−2.917 6	−3.840 0	0.375 6
$\ln(x5)$	132	−4.237 8	−1.778 7	−3.187 3	0.617 7
$\ln(x6)$	132	8.481 6	11.998 8	10.587 7	0.814 1

① 锡林郭勒统计局.锡林郭勒盟统计年鉴[Z].北京：中国邮政出版社，2006.

为了验证区域经济发展与资源之间的关系，借鉴文献[1][2][3]，结合本研究面板数据集特点，建立回归方程，见式（4-4）：

$$\ln (y) = C + \beta_1 \ln (LG) + \beta_2 \ln (RD) + \mu \qquad (4-4)$$

式中：被解释变量 y 是人均GDP；LG是滞后一期的GDP值；RD是资源开发程度指数；C是常数；β_1、β_2 为待估参数；μ 为随机扰动项。

将各控制变量添加到回归方程中，可获得最终的回归方程，见式（4-5）~式（4-8）：

$$\ln (y) = C + \beta_1 \ln (LG) + \beta_2 \ln (RD) + \beta_3 \ln (MCI) + \mu \qquad (4-5)$$

$$\ln (y) = C + \beta_1 \ln (LG) + \beta_2 \ln (RD) + \beta_3 \ln (MCI) + \beta_4 \ln (CL) + \mu \qquad (4-6)$$

$$\ln (y) = C + \beta_1 \ln (LG) + \beta_2 \ln (RD) + \beta_3 \ln (MCI) + \beta_4 \ln (CL) + \beta_5 \ln (HC) + \mu \qquad (4-7)$$

$$\ln (y) = C + \beta_1 \ln (LG) + \beta_2 \ln (RD) + \beta_3 \ln (MCI) + \beta_4 \ln (CL) +$$
$$\beta_5 \ln (HC) + \beta_5 \ln (TI) + \mu \qquad (4-8)$$

从表4-10可以看出，锡林郭勒盟经济发展水平与资源开发利用之间存在正相关关系，且拟合优度值较高，说明资源开发利用在经济发展过程中发挥着非常重要的作用。在逐步回归过程中，资源开发系数一直是正值，显著水平也高，表示2005—2015年，研究区未出现资源诅咒效应。逐步回归过程中拟合优度值不断上升，证明了增加的控制变量能够充分反映研究区的经济发展状态，拟合优度水平也在不断优化。

① SACHS D, WARNER M. The Curse of Natural Resources[J]. European Economic Review，2001，45（4）：827–838.

② 黄悦，李秋雨，梅林，等. 东北地区资源型城市资源诅咒效应及传导机制研究[J]. 人文地理，2015（6）：121–125.

③ 李生彪，杨旭升. 基于多元回归模型的甘肃省CPI影响因素分析[J]. 甘肃科学学报，2012（4）：152–155.

表4-10　资源与经济发展面板数据回归分析结果

变量	1	2	3	4	5
LG	0.037 585*	0.037 88*	0.152 35***	− 0.015 464***	0.318 501***
RD	0.465 242***	0.466 85***	0.296 806***	0.240 292***	0.137 457***
MCI		− 0.061 041*	− 0.062 792*	0.033 319*	0.146 232**
CL			− 0.512 864***	− 0.731 745**	− 0.462 276***
HC				0.313 085***	− 0.015 595**
TI					0.692 606***
常数项	11.479 8	11.468 27	8.794 856	11.439 73	9.031 959
调整R^2	0.786 879	0.786 205	0.828 809	0.856 661	0.919 722
显著水平：0.01——***，0.05——**，0.1——*					

（二）煤炭资源开发与城镇化发展

区域拥有良好的资源禀赋条件是大自然赠的厚礼，为区域实现城镇化发展提供初期动力。在开发利用矿产资源的过程中，出现"因矿而建、因矿而兴"的现象。城镇是区域社会经济发展过程中的产物，城镇形成发展的驱动机制及城镇化模式各不相同。城镇化驱动机制是推动区域城镇化所必需的动力的生产机理。依托自然资源的城镇化模式在全球范围内不胜枚举，如以矿产资源开发利用为基础的英国伯明翰、依靠肥沃土地资源的阿根廷布宜诺斯艾利斯及中国的黑龙江大庆等。此类城镇化的普遍特点就是通过矿产资源开发利用，推动当地产业发展，进而吸引更多人口聚集到城镇。

矿产资源开发利用是资源富集区域经济增长和工业化快速发展的原动力，同时也促进了城镇化的发展进程。通过研究区的截面数据和各旗县市的面板数据的计量统计分析，得出城镇化与经济发展的相关性。为了验证研究区煤炭资源开发利用与区域人口城镇化之间的关系，选择1949—2015

年的原煤产量和城镇化的数据作为样本，拟合两者的关系［见图4-5和式（4-9）］：

$$y = 4.8901 \ln(x) + 10.614 \tag{4-9}$$

通过计算结果显示：$R^2 = 0.9255$，并解释变量通过显著性检验，说明锡林郭勒盟的煤炭资源开发利用是人口城镇化的动力因素之一。

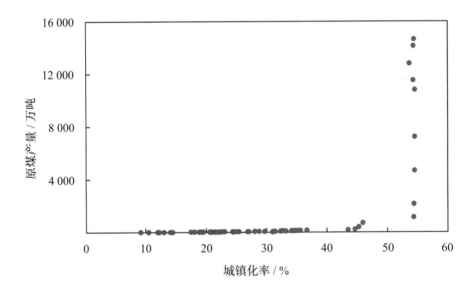

图4-5　城镇化率与原煤产量变化趋势

锡林郭勒盟原煤产量与城镇化率之间的变化趋势及其回归分析结果说明，煤炭资源的开发利用是城镇化水平得到快速发展的直接动力。在城镇化与工业化快速发展的背景之下，研究区也正经历着大规模的工业化与城镇化发展。城镇化水平存在一个"虚高"现象，实际上并没有达到一个很高的城镇化水平，牧区仍然存在着市场结构单一、市场化程度不高、没有大规模的企业吸收大量的牧区剩余劳动力的问题，缺乏牧区城镇化的动力。目前牧区资源开发利用属于初级开发，区域的经济水平上去了，但是牧区市场发育不健全，交通通信等基础设施跟不上需求。为了考察各旗县市城镇化综合水平，本研究选取2016年锡林郭勒盟社会经济统计年鉴数据，建立较为全面的衡量牧区城镇化综合发展水平测度指标体系（见表4-11）：①牧区人口城市化子系统选取城镇人口比重、第二产业就业人口比重、第三产业就业人口比重和人口自然增长率来表征；②经济城镇化子系统选取人均GDP、工业产值比重、第三产业产值比重、地方财政收入、第三产业与第二产业产值比来表征；③社会城镇化子系统选取固定资产投资、人均社会消费零售总额、在岗职工平均工资、万人拥有医生数和万人普通中学在校学生数来表征；④服务城镇化子系统选取建成区面积、年末金融机构各项贷款总额、房地产开发投资额、交通和通信支出、公路密度来表征。

表4-11 城镇化综合发展水平测度指标体系

目标层	准则层	指标层	指标内涵	综合权重
城镇化综合发展水平测度指标体系	人口城镇化(P) 0.339 7	城镇人口比重 / %	人口规模	0.133 4
		第二产业就业人口比重 / %	人口结构	0.035 0
		第三产业就业人口比重 / %	人口结构	0.095 3
		人口自然增长率 / %	人口增长速度	0.076 0
	经济城镇化(E) 0.217 5	人均GDP / 元	人口创造财富能力	0.049 5
		工业产值比重 / %	制造业发展水平	0.028 7
		第三产业产值比重 / %	服务业发展水平	0.034 2
		地方财政收入 / 元	财力保证	0.070 9
		第三产业与第二产业产值比	产业结构	0.034 2

续表

目标层	准则层	指标层	指标内涵	综合权重
城镇化综合发展水平测度指标体系	社会城镇化(C) 0.141 4	固定资产投资 / 万元	投资能力	0.041 7
		人均社会消费零售总额 / 元	消费需求实现能力	0.031 9
		在岗职工平均工资 / 元	收入水平	0.017 9
		万人拥有医生数 / 人	医疗条件	0.025 9
		万人普通中学在校学生数 / 人	教育水平	0.024 0
	服务城镇化(S) 0.301 4	建成区面积 / 平方米	城市辐射能力	0.086 8
		年末金融机构各项贷款总额 / 万元	金融业发展状况	0.053 5
		房地产开发投资额 / 万元	房地产发展水平	0.068 3
		交通和通信支出 / （元/人）	交通通信发展水平	0.024 7
		公路密度 / （千米/平方千米）	交通优势度	0.068 1

指标体系中的各项参评因子由于系数间的量纲不统一，因此在研究中必须对判断矩阵进行标准化处理，以消除指标间不同单位、不同度量的影响。数据标准化处理的方法有很多，本研究采用稽查标准化方法，计算公式见式（4–10）：

$$R_{ij} = \frac{X_{ij} - \min(X_{ij})}{\max_j(X_{ij}) - \min_j(X_{ij})} \quad ; \quad R_{ij} = \frac{\max_j(X_{ij}) - (X_{ij})}{\max_j(X_{ij}) - \min_j(X_{ij})} \qquad （4–10）$$

式中：R_{ij} 为标准化之后的指标值，也就是属性值，X_{ij} 为第 i 个评价因子 j 年的实测值，$\max_i(X_{ij})$ 表示第 j 年第 i 个指标的最大值，$\min_j(X_{ij})$ 表示第 j 年第 i 个指标的最小值。本研究利用SPSS软件进行评价指标的标准化处理。

确定指标权重值使用主观和客观相结合的方法。层次分析法（AHP）是一种对指标进行定性定量分析的方法，具有一定的主观性；熵权法是一种客观赋权方法。熵组合权重法运用最小相对信息熵原理，将层次分析法与熵权法相结合，能够较好地减少主客观的影响，见式（4–11）：

$$W_j = \frac{(W_{1j} \times W_{2j})^{\frac{1}{2}}}{\sum (W_{1j} \times W_{2j})^{\frac{1}{2}}} \tag{4–11}$$

式中：W_j为指标j的综合权重；W_{1j}为指标j的主观权重（层次分析法）；W_{2j}为指标j的客观权重（熵值法）。本研究用yaahp软件确定主观权重值，熵值法的具体计算步骤请看文献[1][2]。

加权综合评价法综合考虑各评价指标对评价对象的不同影响程度，并将各指标的优劣程度综合起来，采用一个数值化的指标加以综合取值来表示评价对象的优劣程度，见式（4–12）：

$$P = \sum_{j=1}^{n} A_i W_j \tag{4–12}$$

式中：P为评价因子的总值；A_i为某评价系统中的第i项指标的量化值（$0 \leqslant A_i \leqslant 1$）；$W_j$为某系统中第$j$项指标相对应的权重值（$W_j > 0$，$\sum_{j=1}^{n} W_j = 1$），$n$为该系统评价指标的个数（$n = 19$）。

从人口城镇化、经济城镇化、生活方式城镇化和景观城镇化四维的角度构建指标体系，利用熵组合权重法和加权综合评价法，建立评价城镇化发展水平的模型，见式（4–13）：

$$\mathrm{PAUI} = \sum_{i=1}^{n=5} A_{Pi} W_{Pi} + \sum_{i=1}^{n=5} A_{Ei} W_{Ei} + \sum_{i=1}^{n=5} A_{Ci} W_{Ci} + \sum_{i=1}^{n=5} A_{Si} W_{Si} \tag{4–13}$$

式中：PAUI为城镇化综合发展指数，其值越大表示城镇化综合发展水平越高；A_{Pi}、A_{Ei}、A_{Ci}、A_{Si}分别代表城镇化综合发展水平测度的人口、经济、社会

---

① 邱宛华. 管理决策与应用熵学[M]. 北京：机械工业出版社，2002.

② 阎莉，张继权，王春乙，等. 辽西北玉米干旱脆弱性评价模型构建与区划研究[J]. 中国生态农业学报，2012（6）：788–794.

和服务的第 i 项指标的量化值；W_{Pi}、W_{Ei}、W_{Ci}、W_{Si} 分别代表人口、经济、社会和服务的第 i 项指标相对应的权重值，表示人口、经济、社会和服务指标对城镇化综合发展水平的相对重要性。

锡林郭勒城镇化发展极不平衡（见表4-12），空间分异特征极其明显。其中，基础设施指数表现出典型的"两高两低"特征，由东向西高低峰谷交

表4-12 2015年锡林郭勒盟各地区城镇化综合发展水平及排名

地区	人口城镇化		经济发展		社会发展		服务功能		城镇化综合发展水平	
	指数	排名	指数	排名	指数	排名	指数	排名	指数	排名
锡林浩特市	0.228 4	2	0.126 3	1	0.105 3	1	0.197 9	1	0.657 9	1
二连浩特市	0.311 2	1	0.100 6	3	0.064 9	2	0.067 8	4	0.544 5	2
乌拉盖管理区	0.144 0	4	0.098 9	4	0.015 6	12	0.039 5	7	0.297 9	3
西乌珠穆沁旗	0.092 5	8	0.118 0	2	0.054 9	4	0.027 5	10	0.292 9	4
东乌珠穆沁旗	0.050 0	11	0.078 1	6	0.056 2	3	0.098 7	2	0.283 0	5
多伦县	0.123 2	5	0.052 8	10	0.037 9	5	0.067 3	5	0.281 2	6
苏尼特右旗	0.167 0	3	0.050 9	11	0.026 9	7	0.025 1	11	0.269 9	7
镶黄旗	0.100 1	7	0.083 1	5	0.016 1	11	0.032 3	8	0.231 6	8
苏尼特左旗	0.121 2	6	0.062 2	8	0.026 0	9	0.001 1	13	0.210 5	9
正蓝旗	0.066 6	10	0.062 4	7	0.032 6	6	0.046 1	6	0.207 7	10
太仆寺旗	0.038 6	13	0.030 1	13	0.024 7	10	0.098 4	3	0.191 7	11
阿巴嘎旗	0.081 6	9	0.062 0	9	0.026 3	8	0.012 8	12	0.182 7	12
正镶白旗	0.042 0	12	0.034 6	12	0.011 8	13	0.028 4	9	0.116 8	13

错递减；人居环境指数则明显地表现为东优西劣的空间特征；而经济发展指数、社会发展指数、生活方式指数三者的空间分布格局较为吻合，且基本与城镇化发展指数成正相关。从城镇化综合发展水平测度的结果看，可以分为四个层次（见表4-13）：①城镇化综合发展水平高值区（城镇化综合发展指数＞0.288 5）包括锡林浩特市、二连浩特市、乌拉盖管理区和西乌珠穆沁旗；②城镇化综合发展水平较高区（0.210 8＜城镇化综合发展指数＜0.288 5），包括东乌珠穆沁旗、多伦县、苏尼特右旗和镶黄旗；③城镇化综合发展水平较低区（0.194 5＜城镇化综合发展指数＜0.210 7），包括苏尼特左旗和正蓝旗；④城镇化综合发展水平低值区（城镇化综合发展指数＜0.194 4），包括太仆寺旗、阿巴嘎旗和正镶白旗。

表4-13 城镇化综合发展水平划分及具体分布

水平划分	高水平	较高水平	较低水平	低水平
城镇化综合发展指数	＞0.228 5	0.210 8~0.288 5	0.194 5~0.210 7	＜0.194 4
地区	锡林浩特市、二连浩特、乌拉盖管理区、西乌珠穆沁旗	东乌珠穆沁旗、多伦县、苏尼特右旗、镶黄旗	苏尼特左旗、正蓝旗	太仆寺旗、阿巴嘎旗、正镶白旗、

通过以上对锡林郭勒盟城镇化水平综合分析可以看出，其城镇化发展中存在的问题有以下几个方面：工业化基本等同于矿产资源的初级开发，从而导致牧区城镇化缺乏持久的驱动力。出现这一现象的直接原因是工业化与城镇化的空间分离，即工业化实为矿产开发为主的工业化，而矿产资源与城镇的分布具有空间非匹配特征。因此，区域的工业化发展不能有效拉动城镇化。其根本原因为工业化是依靠矿产资源初级开发的重工业化，且绝大部分

开采的资源被运往外地，由于重工业本身对就业的带动能力弱，所以当地在矿产基础上发展的重工业不能有力地拉动城镇化。城镇化是由与矿产开发活动无关的其他经济活动推动的，而其他经济活动本身的发展存在严重的"先天不足"。因此，虽然土地与人口的城镇化速度较快，但都是表面城镇化，没有真正强大而持久的经济支撑，所以反过来也很难进一步推动工业化，从而不能在工业化与城镇化之间形成有效互动。城镇化的驱动力应包括市场、制度两大因素，但研究区城镇化目前仍主要依靠制度驱动在推进。草原退化或占用草场之后，国家为牧民提供一定的补偿金，并将其转移到生态环境较好地区或城镇，这就是通常所说的"生态移民"政策。几乎研究区的所有区域均已经达到或者超过了其最大生态容量，普遍存在人口"超载"状态。因此，"生态移民"要转移到哪里？没有可迁移的地方。由于没有强大而持久的产业支撑，单一的制度性（指生态移民）城镇化只能是一种被动而不可持续的城镇化。总体上，研究区重要的城镇化驱动力——矿产开发活动与草原牧区本身固有优势的关系为"地下"与"地上"的关系，实质是开发与保护的关系，"地下"优势的发挥会影响到"地上"的可持续发展。总之，锡林郭勒盟在工业化进程中所发挥的不是草原本身的固有优势，同时生态移民又是一种被动城镇化。

（三）煤炭资源开发与草原生态环境

区域矿产资源开发利用对推动区域经济增长发挥着非常重要的角色，矿产资源的开发促进区域GDP快速增长，但同时也带来了不能忽视的生态环境问题，如粉尘污染、碾压草场等，导致草原植被破坏，矿产开发地区和拉运过程中产生的噪声扰乱了周围牧民的正常生活，地下水位下降，草原干旱化及影响人畜饮水等问题，给生态环境带来严重破坏[1][2][3]。生态环境的破坏反过来又会限制区域矿产资源的开发与利用，如果在矿产资源开发的过程中没有采取有效的保护生态环境的措施或改变矿产开发利用模式，就会导致区域生态环境承载能力下降，人口大规模转移，最终出现"鬼城"。

我国矿区所面临的主要生态环境问题可归纳为两种类型，即直接和间接影响，包括土地破坏、植被受损、水体污染、空气污染、重金属污染、土地沙化等。直接影响是指在矿产资源开发过程中产生的，直接作用于生态系统，并且对生态系统造成扰动的影响，此类影响在露天开矿过程中体现得比较明显，例如开矿生产过程中通过挖沙、取土等活动直接破坏地表土壤、植被状况（见图4-6）。

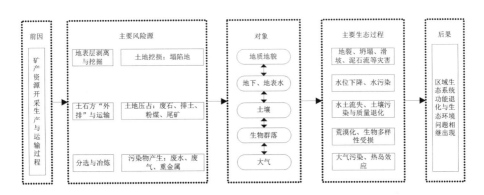

图4-6 矿产资源开发利用过程与生态过程

锡林郭勒盟的煤炭资源大部分适合以露天形式开采，大面积开发将使脆弱的生态环境雪上加霜。首先，从目前的技术要求看，露天开采对地表的破

① 辛继升. 矿产资源开发对生态环境影响因素分析——以甘肃矿产资源开发为例[J]. 中国地质矿产经济，2001（6）：24-27.
② 梁若皓. 矿产资源开发与生态环境协调机制研究[D]. 北京：中国地质大学，2009.
③ 赵昉. 我国矿产资源开发与环境治理探讨[J]. 中国矿业，2003（6）：9-13.

坏是一个受到控制的过程。首期剥采的土石方"外排"，形成堆积并进行植被恢复，二期以后将转变为"内排"，每期之间争取实现"填挖平衡"，不再扩大地表破坏范围（见图4-7）。但是，在大气降水十分有限的情况下，回填地表上的植被修复是很难有保障的。露天开采过程中，大面积的地表植被受到威胁，如白音华煤田含煤面积500多平方千米和胜利煤田含煤面积340平方千米；其次，对地下水的威胁。即使是井工开采，大量排出地下水（输干水）也会导致：①周边地区地下水位下降（内蒙古浅层地下水水深平均不到10米，如果在4米左右的地区发生地下水位下降，则对地表植被的影响将是毁灭性的）；②严重影响城市供水（如胜利煤田对于锡林浩特市的影响）；③如果煤质含

图4-7　草原露天煤矿景观图
（拍摄时间：2017年7月，拍摄工具：大疆无人机）

硫，输干水的排放会造成酸环境的扩散。最后，积蓄地表径流。建造水库蓄水虽然可以解决工业需水，但必将减少生态需水的供给量，水库下游的草地一旦得不到正常的地表水补给，地表植被和地下水都会受到严重影响。

锡林郭勒盟矿产资源富集，但生态环境极为敏感脆弱。在急功近利型粗线条的矿产资源开发推动之下，经济发展速度显著，但在保护与开发并存的资源开发初级工业化发展背景下，由于开发机制不健全、管理方式不合理，甚至开发目标确定中的经济利益至上性，使得地区矿产资源开发利用过程的生态危机重重，甚至出现各种各样的环境问题。本研究从植被覆盖、空气污染及水资源变化等层面考察矿产资源开发对生态环境的影响。

植被是区域生态环境变化最为敏感、最直接的指标，其时空格局变化改变区域景观的结构和功能，从而影响着区域生物多样性和生态过程[1]。植被指数是表示地球表面植被时空演变的最简单有效、最直接的度量。NDVI与植物分布覆盖度成线性相关，是植被生长状态和植被覆盖度的最佳显示器[2]。其具体计算定义为近红外波段与红外波段数值之差和这两个波段数值之和的比值，见式（4–14）：

$$NDVI = (NIR - R)/(NIR + R) \qquad (4–14)$$

式中：NIR为近红外波段；R为红外波段。但是由于NDVI本身不是植被覆盖度，因此本研究采用像元二分模型方法。此方法是目前应用最为广泛也是最

---

① LI A. Distinguishing between Human–Induced and Climate–Driver Vegetation Changes: A Critical Application of RESTREND in Inner Mongolia[J]. Landscape Ecology, 2012（27）：969–982.

② 李惠敏，刘洪斌，武伟. 近10年重庆市归一化植被指数变化分析[J]. 地理科学，2010（1）：119–123.

为简单易懂的植被覆盖度估算模型[①②③]，通过NDVI来反演植被覆盖。其基本原理是，假设每个像元是由纯植被和纯土壤两个部分组成，检测到NDVI的数据是以两个纯组分的面积比重加权线性组合。基于NDVI数据换算植被指数的关键所在就是$NDVI_{veg}$和$NDVI_{soil}$的取值，理论上$NDVI_{soil}$值不随时间的变化而变化，值的大小应该接近于零，但由于大气影响或地表湿度、粗糙度、土壤类型等条件不同，$NDVI_{soil}$值也会随着时空条件发生变化。$NDVI_{veg}$理论上指的是所研究像元的最大值，由于植被类型不同及植被的季节变化，$NDVI_{veg}$值也存在时间和空间上的变化。借鉴前人的研究成果，李苗苗[④]提出了一种简单实用的确定$NDVI_{veg}$和$NDVI_{soil}$值的方法，本研究参考了此方法来提取研究区的$NDVI_{veg}$和$NDVI_{soil}$值，即累计概率为5%和95%的NDVI值作为$NDVI_{min}$和$NDVI_{max}$值。具体换算公式见式（4–15）：

$$VCI = (NDVI - NDVI_{soil}) / (NDVI_{veg} - NDVI_{soil}) \qquad （4-15）$$

式中：VCI表示植被覆盖度；NDVI、$NDVI_{veg}$和$NDVI_{soil}$分别表示任意像元、纯植被像元和纯土壤像元的植被指数。

本研究中所采用的NDVI数据是美国NASA的MODIS13Q1的产品，选择的时间序列为2000—2015年，其空间分辨率是250米×250米，时间分辨率是16天。考虑到冬季里研究区植被积雪覆盖，本研究选择每年生长期（4~10月）作为具体研究时间段，并通过计算生长期NDVI平均值，从而获取每年

① 王永芳，张继权，马齐云，等. 21世纪初科尔沁沙地沙漠化对区域气候变化的响应[J]. 农业工程学报，2016（S2）：177–185.

② 佟斯琴，包玉海，张巧凤，等. 基于像元二分法和强度分析方法的内蒙古植被覆盖度时空变化规律分析[J]. 生态环境学报，2016（5）：737–743.

③ 马娜，胡云锋，庄大方，等. 基于遥感和像元二分模型的内蒙古正蓝旗植被覆盖度格局和动态变化[J]. 地理科学，2012（2）：251–256.

④ 李苗苗. 植被覆盖度的遥感估算方法研究[D]. 北京：中国科学院研究生院，2003.

平均NDVI的大小。本研究中所用的气象数据主要是逐月平均降水和气温数据。气象数据主要来源于中国气象科学数据共享服务网站和锡林郭勒盟气象局。将2000—2015年的锡林郭勒盟境内的15个气象站点的数据进行整理，主要字段包括气象站点编码、经纬度、降水量及气温，然后在ArcGIS10.6软件的toolbox下，根据气象站点的经纬度将数据转换成SHP格式的point文件，并对point文件进行投影、坐标等的转换。此基础上采用ArcGIS10.6软件的Geostatistical Analyst模块对气象数据进行空间插值，从而获取与NDVI数据统一投影和像元大小的栅格数据，并通过裁剪获得研究区降水量与气温的栅格图像。样线设置尽量与研究区主轴平行或重合，并且考虑研究区的空间形态，保证样线尽可能多地穿越各个景观单元。根据以上原则，构建了两个样线，分别为东西向的A线和南北向的B线。植被覆盖度估算流程见图4-8。

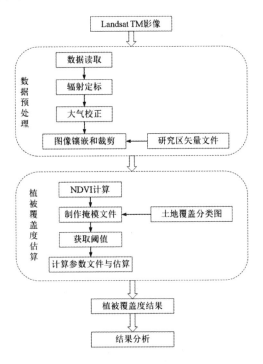

图4-8　植被覆盖度估算流程

定量分析气候因素与人文因素对植被变化中所做出的贡献，主要采用趋势分析方法和残差回归方法，下面做具体计算的详细介绍。

1. 趋势分析方法

基于一元线性回归方程中的斜率来表示每个像元的NDVI变化趋势[1]。文本根据Stow[2]的做法来分析每个像元的NDVI变化趋势，其计算公式见式（4-16）：

$$\theta_{slope} = \frac{n\sum\limits_{i=1}^{n} iNDVI_i - \sum\limits_{i=1}^{n} i_i \sum\limits_{i=1}^{n} NDVI_i}{n\sum\limits_{i=1}^{n} i^2 - (\sum\limits_{i=1}^{n} i)^2}$$

（4-16）

式中：θ_{slope}为趋势线斜率大小；n为监测时间段的年数；$NDVI_i$为第i年NDVI的均值。θ_{slope}大于0，表示在研究时间段内NDVI变化呈增加趋势；θ_{slope}小于0，则NDVI变化呈减少趋势；θ_{slope}等于0，则说明研究区的NDVI未发生变化。

2. 残差分析

残差是指实际观测值与预测值（拟合值）之间的差异值，即$e_i = y_i - \hat{y}_i$。以2000—2015年植被指数数据及同期气象数据为基础数据源，对每个像元建立2000—2015年的气候因子与NDVI的回归关系模型，并逐年分析2000—2015年回归关系模型的预测NDVI值与实际NDVI值的残差及变化趋势，从而判断

---

[1] 穆少杰，杨红飞，李建龙，等. 内蒙古植被覆盖度的时空动态变化及其与气候因子的关系（英文）[J]. Journal of Geographical Sciences，2013（2）：231–246.

[2] STOW, H. Variability of the Seasonally Integrated Normalized Difference Vegetation Index across the North Slope of Alaska in the 1990s[J]. International Journal of Remote Sensing, 2003, 24（5）：1111–1117.

以2000—2015年为基准各像元受开采等人文因素影响的程度。

一般线性回归模型的方程表达式为：$y=a+bx$。其中：y为因变量；x为自变量，即本研究中的气候因子；a和b分别被称为截距和斜率。首先利用最小二乘法来计算斜率值b，然后利用研究区的NDVI值和气候数据及斜率b，算出线性方程截距a的大小，此基础上利用方程$y=a+bx$计算出研究区NDVI的预测值。

为了剥离气温、降水等气候因素影响，计算遥感实测植被覆盖度值与植被覆盖度预测值之间的残差值，作为16年人类活动导致的植被覆盖度变化程度的量化结果，具体计算公式见式（4–17）：

$$\sigma = \text{NDVI}_{max} - \text{NDVI}'_{max} \qquad\qquad (4\text{–}17)$$

式中：σ为残差；NDVI_{max}和NDVI'_{max}分别是实测植被覆盖度值和估算植被覆盖度值。σ值为正值表明人类活动促进植被生长，草原生态环境获得改善，反之则说明人类活动对植被生长产生负面作用，即人类活动引起草原生态环境的退化。

3. 标准差分析

统计学上用标准差考察数据变量离散程度[1]，其值越大，表示研究区在研究时间段内植被覆盖度离平均值的距离越远，植被覆盖度年际变化大，稳定性差，计算公式见式（4–18）：

$$S = \sqrt{\frac{1}{n}\sum_{i=1}^{n}(\text{NDVI}_i - \overline{\text{NDVI}})^2} \qquad\qquad （4\text{–}18）$$

本研究采用ArcGIS10.6的natural Breaks（Jenks）聚类分析将植被覆盖度标准差S分为五个不同类型，即低（$0.008 < S \leq 0.055$）、较低（$0.055 < S \leq 0.075$）、中（$0.075 < S \leq 0.095$）、较高（$0.095 < S \leq 0.119$）、高（$0.119 <$

---

① 徐建华. 现代地理学中的数学方法[M]. 北京：高等教育出版社，2002.

$S \leqslant 0.245$）。

4. 偏相关性分析

地理系统是一种多要素组成的庞大而复杂的系统，研究系统中某个要素对另一个要素的影响时，把系统中其他要素的影响视为常数，而单独考虑两个要素之间的密切程度称之为偏相关[①]。具体计算公式见式（4–19）：

$$R_{12(3)} = \frac{R_{12} - R_{13}R_{23}}{\sqrt{(1 - R_{13}^2)(1 - R_{23}^2)}}$$ （4–19）

式中：$R_{12(3)}$ 为变量3固定后的变量1和2之间的偏相关系数；R_{12}、R_{13}、R_{23} 分别表示变量1与2、变量1与3和变量2与3之间的相关系数。通过此公式分别计算出固定降水后的植被覆盖度与气温偏相关系数及固定气温后的植被覆盖度与降水偏相关系数。

为了验证基于MODIS遥感数据反演的植被覆盖度是否吻合研究区实际状态，2015年8月，在研究区境内共选取51个1米×1米的样方进行验证。采样主要过程是：使用手持GPS定位，记录经纬度信息，然后对实测结果与2015年8月影像上反演结果进行相关性分析。基于像元二分模型反演的植被覆盖度与实测结果之间有较高相关性，相关系数 $R^2 = 0.9084$，说明像元二分模型具有一定的准确性和可靠性，可以运用在锡林郭勒盟植被覆盖度时空演变及驱动机制研究中。

利用公式对锡林郭勒盟每个像元进行趋势分析，更深层地探讨研究区内的植被覆盖的退化、改善或未发生变化的趋势，并将趋势分析结果在ArcGIS10.6上进行可视化表达。2000—2015年植被覆盖度呈现逐年改善趋

---

① 龙慧灵，李晓兵，王宏，等. 内蒙古草原区植被净初级生产力及其与气候的关系[J]. 生态学报，2010（5）：1367–1378.

势，草原生态环境由劣向优的方向发展。从研究区植被覆盖度变化趋势图上可以看出，2000—2015年锡林郭勒盟26.98%的地区植被覆盖度呈退化趋势，分布于苏尼特左旗和苏尼特右旗的大部分地区及浑善达克沙地西北部地区；植被覆盖改善区域分布在研究区中部的锡林浩特市及东乌珠穆沁旗北部地区，占总面积的83.02%，远远大于植被覆盖度退化区域；植被覆盖度的显著变化（包含显著改善和显著退化）面积比重为19.09%，占研究区面积的1/5左右，剩余4/5的地区植被覆盖度变化不明显。从趋势变化的空间分布规律上初步验证锡林郭勒盟植被覆盖退化区域均属于人类活动较强地区，即人类城镇建设、矿产资源开发及开垦农田等活动对自然生态环境造成影响，使得区域植被覆盖退化。

气象因子是植被变化的重要的驱动因子[①]，尤其在草原地区气候对草原植被的影响会被放大，但在快速发展的城镇化和工业化进程中，人类活动也是不能被忽略的驱动因素之一。本研究采用残差分析法来实现植被变化对气象和人类活动响应的分离，用残差值的大小来衡量草原生态环境变化的人类活动响应程度，并利用ArcGIS10.6空间分析功能研究人类活动对植被覆盖度的影响过程。从残差值变化斜率的计算结果表明，2000—2015年，锡林郭勒盟植被覆盖度的人类活动响应包括正向和负向两个方面，人类活动正向干扰效应大于负向效应。

（1）正向响应：人类活动对植被覆盖度改善起促进作用的正向干扰。该部分面积占总面积的34.911%，集中分布于研究区西部地区，包含苏尼特右旗、苏尼特左旗及东乌珠穆沁旗西北地区，分别占该类型区域面积的23.564 9%、

① 吴仁吉，康萨如拉，张庆，等. 锡林河流域羊草草原植被分异的驱动力[J]. 草业学报，2017（4）：15–23.

14.383 5%和14.896 6%（见表4-14），在南部旗县的部分地区零散分布。从2000年开始，国家和地方政府高度重视生态环境问题，并加大草原生态环境建设投资，取得的成果颇多。根据相关资料，锡林郭勒盟前后实施了退耕还林还草、京津风沙源治理及三北防护林等生态工程，通过以上工程项目的实施，扭转草原生态环境系统退化趋势。生态保护和恢复项目等减轻草地退化程度甚至逆转了部分地区草原植被覆盖状态。苏尼特右旗把生态建设作为最大的基础建设，把防沙治沙作为生态建设的重中之重，通过封沙育林、飞播造林、工程固沙、退耕还林等工程的实施，有效地遏制了沙化土地的扩展蔓延。通过工程的实施，项目区植被覆盖度由实施前到治理后三至五年的不足10%提高到40%以上，牧草高度由不足15厘米提高到30厘米。苏尼特右旗在京津风沙源地治理二期工程林业建设项目总投资达到760.6万元，倾力构筑北疆生态屏障。

（2）负向响应：人类活动对植被覆盖度起负向干扰，即人类破坏草原生态环境，导致植被覆盖度的下降。此类地区面积约占19.348%，主要分布在东乌珠穆沁旗和西乌珠穆沁旗东部地区，面积占比分别为48.250 2%和31.187 2%，锡林浩特市周边地区呈现零散分布态势。近年来快速城镇化与工业化发展，尤其是草原露天煤矿的开采，使草原生态环境遭到严重破坏。研究区中部地区人类活动对植被覆盖度的影响不显著，正向响应和负向响应在空间上呈现出零星分布格局。

表4-14　各旗县市人类活动干扰影响区域面积占比

单位：%

旗县市	人类活动负向干扰	干扰不显著	人类活动正向干扰
正镶白旗	0.154 5	2.035 6	5.978 8

续表

旗县市	人类活动负向干扰	干扰不显著	人类活动正向干扰
阿巴嘎旗	6.443 9	15.945 8	14.482 4
东乌珠穆沁旗	48.250 2	19.762 9	14.896 6
多伦县	0.139 4	0.622 0	4.467 5
二连浩特市	0.000 8	0.181 6	0.014 1
苏尼特右旗	0.192 8	9.662 4	23.564 9
苏尼特左旗	1.930 2	25.260 5	14.383 5
太仆寺旗	0.462 8	1.481 6	2.557 6
西乌珠穆沁旗	31.187 2	10.495 7	1.611 5
正蓝旗	1.950 9	5.435 9	5.968 6
锡林浩特市	9.156 4	7.873 8	6.488 2
镶黄旗	0.020 7	1.188 5	5.513 9

　　为了延缓北方地区荒漠化危机，国家及各级政府部门实施生态工程，其中最为典型的是始于1978年的"三北防护林"工程。经过几十年的大规模植树造林，对生态环境脆弱地区起到了巨大缓解作用。中国科学院相关研究表明，三北防护林工程对降低沙尘暴强度贡献显著[1][2][3]。根据Greenpeace的估算，每开采一吨煤炭资源需要破坏2.54立方米地下水资源。煤炭资源开采过程中地下水被排干和地表径流截断等直接加剧草原生态环境退化进程，影响牧民生计。2004年乌拉盖水库开始截流，导致乌拉盖国家重要湿地干涸，甚至

---

[1] TAN H M. Intensity of Dust-Storms in China from 1980 to 2007: A New Definition[J]. Atmospheric Environment, 2014（85）: 215–222.

[2] TAN H M. Does the Green Great Wall Effectively Decrease Dust Storm Intensity in China? A Study Based on NOAA NDVI and Weather Station Data[J]. Land Use Policy, 2015（43）: 42–47.

[3] TAN H M. Exploring the Relationship between Vegetation and Dust–Storm Intensity (DSI) in China[J]. Journal of Geographical Sciences, 2016（4）: 387–396.

消失。

从资料图片上可以看出，草原植被覆盖度残差变化斜率负值空间分布与草原露天煤矿空间分布上存在高度吻合现象，即草原露天煤田与人类活动负向干扰空间位置重叠，初步证明了草原植被覆盖度变化中矿产资源开发利用活动扮演着重要角色。为了阐明草原矿产资源开发活动与草原植被覆盖度变化规律的关系，用缓冲区距离和每个缓冲区植被覆盖度残差斜率平均值做散点图（见图4-9），矿区内的植被覆盖度残差斜率值低于外围缓冲区的值，随着离矿中心的距离变大，植被覆盖度残差斜率值也变大。草原露天煤矿开采活动带来大规模土地破坏，并对作为保护层的草地植被产生巨大影响。离矿区中心越近，土壤污染越严重，限制了植物的生长，从而影响植被覆盖度的高低，这是由于排土场下层土含硫，不会产生自然植被。白淑英等选4个矿区作为典型研究区，研究矿区土地退化特征，结果表明矿区500米范围内区域的植被覆盖度远小于其他范围[1]，卓义等通过研究发现草原煤矿区较近区域的草地植被覆盖度明显低于外围区域[2]，经对比其结论与本研究具有一致性。通过多次建立不同半径缓冲区，并统计植被覆盖度残差斜率值大小，当半径大于3千米时，平均残差斜率值为正值，说明矿区3千米以内区域人类活动强度较高，包括尾矿库侵占草原、交通道路破坏原有景观格局等，而半径大于3千米区域的植被覆盖度受矿产资源开发活动强度的影响较小。

---

[1] 白淑英，吴奇，沈渭寿，等. 内蒙古草原矿区土地退化特征[J]. 生态与农村环境学报，2016（2）：178–186.

[2] 卓义，于凤鸣，包玉海. 内蒙古伊敏露天煤矿生态环境遥感监测[J]. 内蒙古师范大学学报（自然科学汉文版），2007（3）：358–362.

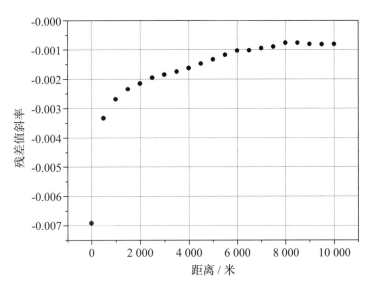

图4-9 植被覆盖度残差值变化

通过以上分析，得到以下基本结论：①2000—2015年锡林郭勒盟植被覆盖度呈明显改善趋势，植被覆盖指数的年增长速度为0.048/16。研究区植被覆盖度变化具有波动式上升特征，有两个明显改善阶段和退化阶段，整体上呈"M"形发展轨迹。②从植被覆盖度趋势分析结果发现，研究区83.02%地区的植被覆盖度呈改善趋势，而退化面积占研究区面积的26.98%，集中分布于西部的荒漠草原地区的苏尼特左旗和苏尼特右旗、浑善达克地区。③2000—2015年植被覆盖度标准差值为0.008~0.245，空间差异性很显著，呈"两边高、中间低"空间格局。植被变化趋势与稳定性之间存在空间重叠性，锡林浩特市等中部地区及两个乌珠穆沁旗西部地区均属于典型草原地区，植被覆盖度相对较高，其发生变化的波动性相对低。④从气候因子与植被覆盖度的偏相关分析结果来看，锡林郭勒盟植被覆盖度与降水量的相关系数大于气温的相关系数，像元占研究区面积的57.415%，植被覆盖度与降水量成正相关的区域大于植被覆盖度与气温成正相关的区域，表明降水量对植被的影响程度大于气温对植被的影响程度。⑤植被覆盖度的人类活动响应包括正向和负向两个方面，人类活动对植被的影响总体是正向干扰效应大于负向干扰效应，人类活动对植被覆盖度改善作用的面积占34.911%，而人类活动导致生态环境破坏的面积占19.348%。⑥植被覆盖度残差变化斜率负值与矿区空间位置上有重叠现象，并随着离矿区距离越大，矿产资源开发活动对草原植被的影响越少。

二、煤炭资源开发强度内涵

锡林郭勒盟在2003年提出"工业强盟"的大战略，大力发展工业，推进工业化进程，使得工业得到高速发展，工业产业比重在经济生产总值中的比重快速上升。草原地区工业化和城镇化发展给原本脆弱敏感的草原生态系统带来严重压力和破坏，导致研究区人地矛盾日益突出。根据国际惯例，如果某个地区国土开发强度超过30%，说明该地区开发强度已经超过警戒线，人的生存环境受到影响[①]。控制区域空间开发强度，对于合理调控区域国土开发强度、协调区域土地利用与经济社会发展和生态环境之间的关系、优化空间开发结构等具有实践意义，同时为促进国家主体功能区规划的实施提供较强的理论依据和保障。

主体功能区规划中的区域空间开发强度是指建设用地占总国土面积的比重，其反映空间集约利用程度和人类活动的频繁度。根据以上所述，矿产资源开发强度是指一定区域在一定发展时期和资源禀赋条件下，区域空间开发利用水平、国土空间集约利用水平和累积承载密度的综合特征。即矿产资源开发强度评价就等于矿产资源开发利用的广度、深度和频度的综合评价。本

---

① 杨伟民. 北京上海开发强度超东京伦敦约一倍[N]. 中国经济导报，2012–03–31（B1）.

研究从弥补以往区域开发强度定量研究的缺陷出发，综合运用地理空间信息数据、遥感数据及社会经济统计数据，采用GIS的空间分析方法模拟锡林郭勒盟的区域开发强度空间展布情况及评价其空间分布状态。矿产资源开发强度评价研究框架见图4-10。

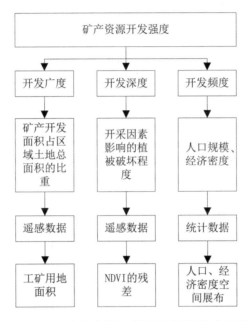

图4-10　矿产资源开发强度评价研究框架

三、煤炭资源开发强度评价指标体系和评价模型的构建

（一）煤炭资源开发强度评价指标体系

本研究利用Landsat TM遥感影像获取工矿用地。根据研究内容，矿区及矿区周边地区都应该包括研究对象，因此本研究以矿区为中心，建立3千米（缓冲区半径大于3千米的区域，植被覆盖度受矿产资源开发活动强度的影响较小）的缓冲区来确定矿区影响范围，并作为本研究的具体矿产开发区域。

人口和经济数据均来源于统计年鉴，其空间尺度主要以行政区为单位。

由于本研究所用的空间尺度为1千米×1千米格网，因此需要将人口和经济等统计数据展布至每个格网中。根据法国地理学家J. Clark[1]所提出的比较人口密度概念和计算方法对研究区人口密度进行格网化，具体操作步骤如下：首先，在研究区土地利用类型图上把人口居住区和非人口居住区区分开，总面积扣除非居住区，并计算人口居住区的人口密度；其次，把人口居住区分为人口稠密区（耕地）和人口稀疏区（林地、草地等）。基于刘敦利[2]的做法，把林地、草地分别以5∶1和10∶1的比例标准折算为耕地，结合研究区土地利用类型数据，实现研究的人口密度的空间化。

利用某一时间段内较高空间分辨率的逐旬MODIS数据及同期气象数据作为基础数据源，对每个像元建立该时间段的气候因子（考虑温度、降水及其时滞效应）与NDVI的回归关系模型，并逐年分析该时段回归关系模型的预测NDVI值与实际NDVI值的残差及变化趋势，从而判断各像元受开采因素影响的程度（详细的计算过程见第五章）。

（二）煤炭资源开发强度评价模型

由于评价指标数据不同量纲，为了增强指标数据的可比性，应进行标准化处理，本研究采用极差法进行指标的标准化处理，见式（4–20）：

正向指标：　$X_i = \dfrac{X_{ij} - \min(X_{ij})}{\max X_{ij} - \min X_{ij}}$

负向指标：　$X_i = \dfrac{\max X_{ij} - X_{ij}}{\max X_{ij} - \min X_{ij}}$　　　　　　（4–20）

式中：X_i为标准化处理后的指标数值；X_{ij}为第j格网的第i个指标的原始指标值；$\max X_{ij}$和$\min X_{ij}$分别表示第j个格网的第i个指标数据的最大值和最小值。

① CLARK P J. Distance to Nearest Neighbor as a Measure of Spatial Relationships in Populations[J]. Ecology, 1954, 35（4）：445–453.

② 刘敦利. 基于栅格尺度的土地沙漠化预警模式研究[D]. 乌鲁木齐：新疆大学，2010.

在矿产资源开发强度评价指标量化的基础上，运用算术平均法和几何平均法相结合的方法计算研究区每个格网的矿产资源开发强度指数，见式（4–21）：

$$SDI_i = \sqrt[4]{LB_i \times PE_i \times EC_i \times EV_i} \tag{4–21}$$

式中：SDI_i 为第 i 个格网的矿产资源开发强度指数；LB_i、PE_i、EC_i 和 EV_i 分别代表第 i 个格网的矿产资源开发广度值、人口集聚程度、经济发展水平及生态环境压力指数。

四、煤炭资源开发强度分级分区分析

锡林郭勒盟煤炭资源的开发强度主要以次低度开发为主，占全盟面积的39.296%，分布在中西部的大部分地区及东部的部分地区，主要包括苏尼特右旗、苏尼特左旗等；中度开发和次高度开发分别占全盟面积的26.029%和16.181%，次高度开发区在西乌珠穆沁旗、东乌珠穆沁旗及锡林浩特市占的比重较高；而高度开发区域仅占全盟面积的1.211%，主要分布于二连浩特市、东乌珠穆沁旗、正蓝旗和锡林浩特市等地区。锡林郭勒盟煤炭资源开发强度空间分布整体上呈现出东部高、西部低、南部高、北部低的特征。

从各旗县市不同等级开发强度面积占比来看（见图4–11和表4–15），多伦县和镶黄旗低度开发区域面积占比最高，分别达到64.67%和49.85%。东乌珠穆沁旗34.39%区域的开发强度属于次高度类型，中度和次低度开发区域分别占全旗面积的26.59%和25.82%，高度开发区域占比最低（3.23%），剩下的9.97%的区域属于低度开发区域。东乌珠穆沁旗属于矿产资源丰富地区，是距东北老工业基地最近的矿产资源赋存地区，并已经被纳入东北老工业基地矿产资源接续地之一。该旗已探明煤炭资源储量383.86亿吨（其中长焰煤204.86亿吨，褐煤179亿吨），远景储量600亿吨，全旗储量100亿吨以上的

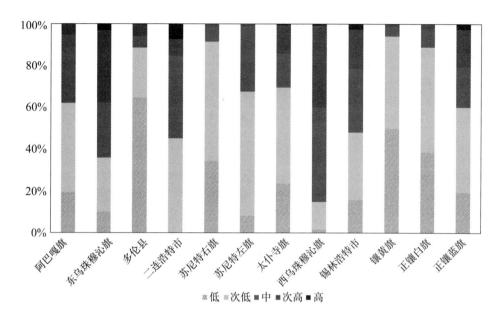

图4-11　各旗县市不同等级开发强度面积占比

表4-15　各旗县市不同等级开发强度面积占比

旗县市	低度	次低度	中度	次高度	高度
阿巴嘎旗	19.24	42.75	32.63	5.20	0.18
东乌珠穆沁旗	9.97	25.82	26.59	34.39	3.23
多伦县	64.67	23.82	5.44	5.78	0.29
二连浩特市	0.00	45.14	39.43	8.00	7.43
苏尼特右旗	34.40	57.00	7.29	1.30	0.02
苏尼特左旗	8.18	59.45	31.18	1.16	0.03
太仆寺旗	23.59	46.01	15.88	13.84	0.67
西乌珠穆沁旗	1.65	13.19	45.14	39.26	0.76
锡林浩特市	15.89	32.16	30.51	18.91	2.54
镶黄旗	49.85	44.16	4.79	1.08	0.12
正镶白旗	38.55	50.26	9.02	2.10	0.06
正蓝旗	19.30	40.69	19.51	17.95	2.54

煤田1个、20亿吨以上的煤田3个、1亿~10亿吨的煤田8个，主要分布于高力罕煤田、乌尼特煤田、额和宝力格煤田、道特淖尔煤田、准哈诺尔煤田、白音呼布煤田、阿拉达布斯煤田、阿拉坦合力煤田八大含煤盆地。2012年，该旗原煤产量达到850万吨[①]。西乌珠穆沁旗45.14%的区域开发强度属于中度，39.26%的区域是次高度开发类型，1.65%的区域是低度开发类型，整体上看西乌珠穆沁旗属于中度及次高度开发地区。西乌珠穆沁旗有良好的资源禀赋条件，探明煤炭储量522.7亿吨，其中白音华煤田储量141亿吨，为优质低硫褐煤；百亿吨以下十亿吨以上煤田有8处。随着白音华和五间房两个百亿吨级大煤田的开发建设，西乌珠穆沁旗将形成新的产业集群带，带动一大批相关产业的发展，形成白音华能源化工园区、五间房科技创新园区。阿巴嘎旗、二连浩特市、苏尼特左旗、苏尼特右旗、太仆寺旗、锡林浩特市、正镶白旗和正蓝旗等地区的次低度开发区域占全旗县市面积的比重最大，比重从大到小排列的顺序为：苏尼特左旗＞苏尼特右旗＞正镶白旗＞太仆寺旗＞二连浩特市＞阿巴嘎旗＞正蓝旗。

第三节　生态敏感区（域）人—地系统空间耦合度分析

区域开发强度及其环境耦合关系始终是地理学及生态环境学研究的重点内容。"人地"系统空间耦合度强弱取决于"人"的需求量和"地"的供给量。本研究运用空间匹配度模型评价研究区域生态环境与煤炭资源开发利用空间匹配状态，从而研究锡林郭勒盟的开发空间与保护空间的位置匹配

---

① 内蒙古自治区锡林郭勒盟东乌珠穆沁旗政府官网.

程度。

一、空间耦合度模型介绍

（一）空间耦合度计算模型

空间耦合包含数量和状态两个方面的内容。数量上的耦合是指两个互不相容的经济变量在数量上相同；状态上的耦合是指两个独立的系统处于均势和平衡状态。空间耦合是指区域经济活动在地理空间的数量上均匀分布，又指区域开发空间与保护空间的匹配程度[①]。地球表面的各区域自然资源禀赋条件存在差异性，每个区域各类经济要素的能力均不相同，导致区域经济发展水平、速度、规模及强度等方面均不相同。区域空间差异一直是区域经济发展过程中的一个普遍问题。由于自然本底条件的差异，不同区域的发展水平也极不均衡。多数发展中国家忽略区域生态环境的差异性，追求经济效益的最大化，最终带来经济低效率发展和生态环境破坏等一系列问题与矛盾。区域发展过程中，不仅要注意数量上的空间分配状况，更要考虑矿产资源开发强度与生态环境状态之间的空间协调均衡问题。本研究中所说的空间耦合度指的是空间开发强度与生态环境之间的耦合强度，其计算公式见式（4–22）：

$$DS_i = \left[\frac{EES_i \times SDI_i}{(\alpha \times EES_i + \beta \times SDI_i)^2} \right]^k \qquad （4–22）$$

式中：DS_i为第i个空间单元的生态敏感性与矿产资源开发强度空间耦合度；SDI_i为第i个空间单元的矿产资源开发强度；EES_i为第i个空间单元的生态敏感性指数；α和β为权数，本研究取$\alpha = \beta = 0.5$；k为调节系数，一般取值为

---

① 陈雯. 空间均衡的经济学分析[M]. 北京：商务印书馆，2008：43–49.

2~5，本研究取k=3[①]。耦合度DS的取值范围在（0，1），DS值接近1，则表明生态敏感性与矿产资源开发强度之间的匹配状态趋于均衡；而DS值接近0，则表明区域生态敏感性与矿产资源开发强度之间的匹配状态趋于不均衡。根据相关耦合度值划分的研究成果，本研究把空间发展状态划分为10个不同等级，分别命名为优质均衡（0.9~1）、良性均衡（0.8~0.9）、中等均衡（0.7~0.8）、一般均衡（0.6~0.7）、勉强均衡（0.5~0.6）、轻度失衡（0.4~0.5）、一般失衡（0.3~0.4）、中度失衡（0.2~0.3）、严重失衡（0.1~0.2）和重度失衡（0~0.1）。

（二）空间失匹配度计算模型

失匹配度是用来衡量各区域现有的生态环境状态下矿产资源开发状态，可用矿产资源开发强度与生态敏感性指数的商值来表示，计算公式见式（4–23）：

$$ID_i = \frac{SDI_i}{EES_i} \qquad （4–23）$$

式中：ID_i为第i个空间单元的失匹配度；SDI_i为第i个空间单元的矿产资源开发强度；EES_i为第i个空间单元的生态敏感性指数。ID值大于1，表示区域开发过度；ID值小于1，表示区域开发不足；ID值等于1，表示区域开发均衡。

二、煤炭开发强度与生态敏感性的空间关联性

采用耦合度计算公式计算出锡林郭勒盟的每个格网耦合度，从煤炭开发强度和生态敏感性空间耦合度的分布（见表4–16）看出，研究区56.761%的区域处于均衡状态，而失衡状态的区域占43.239%。

---

① 陈逸. 区域土地开发度评价理论、方法与实证研究[D]. 南京：南京大学，2012.

表4-16　煤炭开发强度与生态敏感性空间耦合度的分布

空间发展状态划分		耦合度	面积比重/%
失衡	重度失衡	0~0.1	0.548
	严重失衡	0.1~0.2	9.517
	中度失衡	0.2~0.3	11.005
	一般失衡	0.3~0.4	1.102
	轻度失衡	0.4~0.5	21.067
均衡	勉强均衡	0.5~0.6	1.065
	一般均衡	0.6~0.7	25.783
	中等均衡	0.7~0.8	9.391
	良性均衡	0.8~0.9	0.205
	优质均衡	0.9~1	20.318

　　失衡区空间分布上有三个明显集中分布地区，分别为研究区西部地区的苏尼特右旗、东部的西乌珠穆沁旗南部及东乌珠穆沁旗东部地区。锡林郭勒盟21.067%的区域的耦合度为0.4~0.5，属于轻度失衡类型，仅有0.548%（约1 088平方千米）的区域属于重度失衡。从重度失衡的行政区域分布上看，东乌珠穆沁旗（42.643%）中分布最高，苏尼特右旗和正蓝旗的占比也较高，分别占总重度失衡区域的19.577%和13.235%。严重失衡区域占研究区总面积的9.517%，西乌珠穆沁旗的严重失衡区占全部严重失衡区的比重最高（27.363%），苏尼特右旗和东乌珠穆沁旗的严重失衡区占总严重失衡区域比重排第二和第三位，分别为24.105%和21.302%。研究区均衡类型的占地面积大小排序为：一般均衡（25.783%）>优质均衡（20.318%）>中等均衡（9.391%）>勉强均衡（1.065%）>良性均衡（0.205%）。

　　从各旗县市不同类型均衡区域的面积占比（见图4-12）来看，每种均衡类型区域在各旗县市的分布特征存在差异性，西乌珠穆沁旗、东乌珠穆沁旗和正蓝旗的勉强均衡区域占比较高，分别占总勉强均衡区域的32.624%、22.979%和12.671%；苏尼特右旗一般均衡区域占比最高，为22.07%；苏尼特右旗和东乌珠穆沁旗的中等均衡区域占总中等均衡区域的47.808%；西乌珠穆沁旗的良性均衡区域占比最大（58.088%），太仆寺旗没有良性均衡区域；东乌珠穆沁旗优质均衡区域占比最大（28.315%），而二连浩特市优质均衡区域面积占比最小（0.087%）。

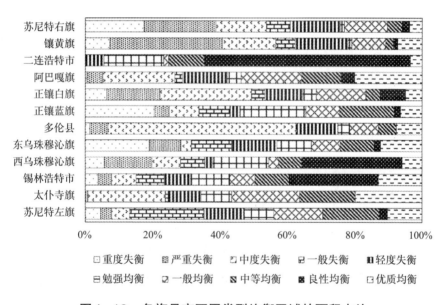

图4-12　各旗县市不同类型均衡区域的面积占比

为了更详细地了解研究区每个行政单元不同类型均衡的分布状态，本研究将耦合度计算结果按不同行政单元进行统计，由表4-17可知，各旗县市不同类型均衡度的分布存在差异性。苏尼特左旗1/3的区域属于一般均衡类型，良性均衡和重度失衡类型面积极小，分别占全旗面积的0.044%和0.218%。太仆寺旗33.442%的区域属于一般均衡类型，26.043%的区域是优质均衡区域，而全旗境内没有良性均衡和重度失衡类型的区域。锡林浩特市30.678%的区域是优质均衡区域，一般均衡类型占全市面积的22.594%；整体上来讲，锡林浩特市均衡类型的比重大于失衡类型的比重，全市33.773%的区域属于失衡类型。西乌珠穆沁旗23.151%的区域属于严重失衡类型，而优质均衡类型占全旗面积的21.339%，说明西乌珠穆沁旗的生态敏感性与煤炭开发强度均衡性两级极化现象明显。东乌珠穆沁旗轻度失衡类型区域的占比最高（28.125%），其次是优质均衡类型区域，占全旗面积的25.150%。多伦县45.367%的区域属于中度失衡类型。正蓝旗、正镶白旗和阿巴嘎旗的均衡类型分布特征大致相同，其中一般均衡的占比最高，分别占各旗总面积的32.619%、30.968%和29.960%。二连浩特市只有32.353%的区域属于失衡类型（轻度失衡），其余区域属于均衡区域，主要以中等均衡为主（27.647%）。镶黄旗26.036%的区域属于轻度失衡类型，25.089%的区域属于严重失衡类型。苏尼特右旗一般均衡类型区域面积最大（28.595%）。

表4-17　各旗县市不同类型均衡区域的面积占比

单位：%

旗县市	重度失衡	严重失衡	中度失衡	一般失衡	轻度失衡	勉强均衡	一般均衡	中等均衡	良性均衡	优质均衡
苏尼特左旗	0.218	2.827	5.168	2.155	22.622	0.831	33.330	13.957	0.044	18.845
太仆寺旗	0.000	0.444	16.188	0.059	13.288	0.621	33.442	9.914	0.000	26.043
锡林浩特市	0.236	4.472	9.100	1.049	18.916	1.429	22.594	10.903	0.623	30.678
西乌珠穆沁旗	0.532	23.151	16.242	1.369	8.810	3.087	13.441	10.967	1.060	21.339
东乌珠穆沁旗	1.017	8.863	3.386	1.303	28.125	1.069	21.839	9.211	0.037	25.150
多伦县	0.053	3.792	45.367	0.027	19.012	0.267	16.075	3.765	0.000	11.642
正蓝旗	1.423	5.265	12.358	1.294	8.278	2.647	32.619	19.293	0.049	16.774

续表

旗县市	重度失衡	严重失衡	中度失衡	一般失衡	轻度失衡	勉强均衡	一般均衡	中等均衡	良性均衡	优质均衡
正镶白旗	0.286	12.190	24.570	0.366	19.398	0.350	30.968	3.278	0.127	8.466
阿巴嘎旗	0.015	2.879	15.089	0.159	18.056	0.284	29.960	7.061	0.052	26.446
二连浩特市	0.000	0.000	0.000	0.000	32.353	5.294	10.588	27.647	3.529	20.588
镶黄旗	0.316	25.089	13.866	0.493	26.036	0.099	20.473	1.775	0.020	11.834
苏尼特右旗	0.824	17.635	14.400	0.677	27.318	0.104	28.595	3.633	0.039	6.774

本研究分别统计了每个行政单元生态敏感性与矿产开发强度的空间耦合度的均值和标准差（见图4-13），从空间耦合度均值来看，锡林郭勒盟12个旗县市的空间耦合度平均值相对较高，最高的是二连浩特市（0.864），最低的是镶黄旗（0.628）。标准差是反映一组数据离散程度最常用的一种量化形式，西乌珠穆沁旗空间耦合度标准差最大（0.299），二连浩特市空间耦合度标准差最小（0.12），说明西乌珠穆沁旗生态敏感性和开发强度均衡指数极化现象明显，波动强烈，而二连浩特市空间耦合度分布相对稳定。综上所述，研究区大部分区域生态敏感性和开发强度空间耦合状态处于相对均衡的状态，但均衡程度存在空间差异性。

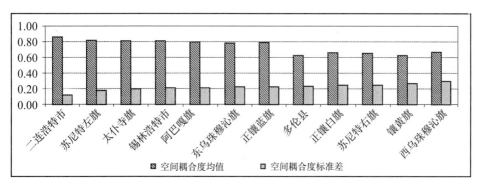

图4-13 各旗县市生态敏感性与矿产开发强度的空间耦合度

三、生态敏感区（域）人—地系统要素空间耦合度分析

研究区43.239%的区域均衡指数较小，处于失匹配状态。本研究以"开发强度指数/生态敏感指数"作为失匹配度，通过失匹配度的计算来探讨失衡区域的失匹配原因。根据失匹配计算公式计算出的失匹配度结果如下：ID<1属于开发不足，占研究区总面积的51.610%，主要分布于研究区西部地区的苏尼特左旗、苏尼特右旗、阿巴嘎旗等旗县；开发均衡区域集中分布于研究区中东北部地区，占研究区面积的32.368%；剩余的16.023%的区域属于开发过度区域，包括西乌珠穆沁旗和东乌珠穆沁旗的东部地区（见表4-18）。

表4-18　锡林郭勒盟不同失匹配类型区域的面积占比

失匹配度	失匹配类型	占比 / %
ID<1	开发不足	51.610
ID=1	开发均衡	32.368
ID>1	开发过度	16.023

从各旗县市不同类型失匹配度区域的面积占比看（见图4-14），东乌珠穆沁旗和西乌珠穆沁旗的开发过度区域占比最高，分别占全旗面积的43.664%和32.880%，而二连浩特市没有开发过度的区域；从各旗县市开发均衡所占的比重排名来看，东乌珠穆沁旗（34.415%）＞阿巴嘎旗（15.723%）＞西乌珠穆沁旗（13.28%）＞锡林浩特市（11.941%）＞苏尼特左旗（10.669%）＞正蓝旗（5.615%）＞苏尼特右旗（3.099%）＞太仆寺旗（2.118%）＞正镶白旗（1.084%）＞镶黄旗（1.028%）＞多伦县（0.949%）＞二连浩特市（0.079%）；在苏尼特右旗和苏尼特左旗，开发不足区域面积较大，分别占23.216%和26.125%。从整体上来讲，锡林郭勒盟经济欠发达的地区开发不足，经济相对发达地区处于开发过度状态，失匹配度空间分布存在差异性。

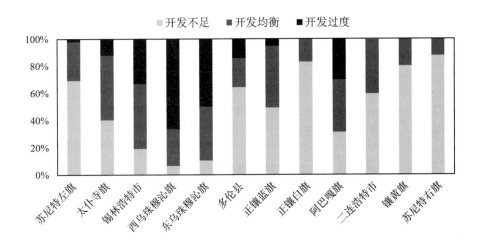

图4-14　各旗县市不同类型失匹配度区域的面积占比

从各旗县市不同类型失匹配度区域的面积占比来看（见表4-19），苏尼特左旗和太仆寺旗的开发不足区域占比最高，分别占全旗面积的78.979%和54.632%，锡林浩特市和东乌珠穆沁旗的开发均衡区域占比最高，这两个地区约1/2的面积属于开发均衡区域，西乌珠穆沁旗46.834%的面积属于开发过度区域，开发均衡区域的和开发不足区域的面积分别占全旗面积的38.212%和14.954%；其余旗县市均属于开发不足区域面积占比高的地区，其中苏尼特右旗的开发不足区面积占了全旗面积的92.100%。西乌珠穆沁旗依托资源丰富的优势，发展切合实际的资源密集型产业，实现牧区快速工业化和城镇化进程；在生态环境承载能力有限的情况之下，若不采取相关空间管制等措施，将来会对生态环境、自然资源系统造成严重威胁，甚至阻碍区域社会经济的健康可持续发展。

表4-19　各旗县市不同类型失匹配度区域的面积占比

单位：%

旗县市	开发不足	开发均衡	开发过度
苏尼特左旗	78.979	20.228	0.793
太仆寺旗	54.632	40.308	5.061
锡林浩特市	32.297	50.347	17.355
西乌珠穆沁旗	14.954	38.212	46.834
东乌珠穆沁旗	20.719	48.696	30.585
多伦县	78.318	16.288	5.394
正蓝旗	62.195	35.671	2.134
正镶白旗	88.781	11.092	0.127
阿巴嘎旗	48.304	37.320	14.376
二连浩特市	70.000	30.000	0.000
镶黄旗	86.765	13.037	0.197
苏尼特右旗	92.100	7.711	0.190

在对具体区域空间失匹配分析的基础上，结合各类文献资料，对空间失匹配的原因进行分析总结。通过对比耦合与失匹配度可以发现，开发过度区域处于失衡状态，开发均衡的区域均处于均衡状态（见表4-20）。

表4-20　失匹配类型与耦合类型对比

失匹配类型	耦合类型	代码	面积占比/%
开发不足	重度失衡	1	0.259
	严重失衡	2	4.684
	中度失衡	3	7.810
	一般失衡	4	0.721
	轻度失衡	5	13.741
	勉强均衡	6	0.547
	一般均衡	7	19.040
	中等均衡	8	4.627
	良性均衡	9	0.181

续表

失匹配类型	耦合类型	代码	面积占比/%
开发均衡	勉强均衡	10	0.518
	一般均衡	11	6.743
	中等均衡	12	4.764
	良性均衡	13	0.025
	优质均衡	14	20.318
开发过度	重度失衡	15	0.288
	严重失衡	16	4.833
	中度失衡	17	3.195
	一般失衡	18	0.381
	轻度失衡	19	7.326

通过分析表4-21发现，严重不匹配区域中，西乌珠穆沁旗矿产资源开发强度较高，导致与生态环境之间不匹配；多伦县属于开发不足而导致生态保护与矿产资源开发的中度不匹配。

表4-21　各旗县市开发强度与生态环境敏感性匹配状态

旗县市	开发强度	生态敏感性	匹配类型	失匹配类型
阿巴嘎旗	次低度	中度敏感	一般匹配	开发不足
东乌珠穆沁旗	次高度	轻度敏感	轻度不匹配	开发均衡
多伦县	低度	中度敏感	中度不匹配	开发不足
二连浩特市	次低度	高度敏感	轻度不匹配	开发不足
苏尼特右旗	次低度	高度敏感	一般匹配	开发不足
苏尼特左旗	次低度	中度敏感	一般匹配	开发不足
太仆寺旗	次低度	中度敏感	一般匹配	开发不足
西乌珠穆沁旗	中度	不敏感	严重不匹配	开发过度
锡林浩特市	次低度	中度敏感	优质匹配	开发均衡
镶黄旗	低度	高度敏感	轻度不匹配	开发不足
正镶白旗	次低度	中度敏感	一般匹配	开发不足
正蓝旗	次低度	中度敏感	一般匹配	开发不足

第四节 生态敏感区（域）人—地系统空间失衡影响因素分析

区域发展传统模式是依赖经济增长总量的提升来实现区域工业化和城镇化发展目标。在这种发展目标导向之下，区域发展遵循比较特殊的轨迹，矿产资源开发—推动区域工业化发展—部分区域人均经济总量快速提高—区域生态环境的破坏—区域空间非均衡发展—区域加大矿产资源的开发利用—推进区域工业化进程—部分区域人均经济总量进一步提高—区域生态环境进一步恶化—区域非均衡现象加剧—最终导致工业空间过大、生态空间过小的空间失匹配结果。但是由于区域空间差异性，不同生态敏感性和煤炭资源开发强度的空间耦合类型区的空间匹配程度不同，因此空间均衡点也不相同。人类对区域人地关系协调发展的认知程度、资源和生态价值的认识不足，利用方式不当和利用能力有限等，均是导致空间开发不足或者空间开发过度的客观原因。阻碍区域空间均衡发展的最大制约来自制度障碍，过度工业化倾向以及政绩考核体系、政府竞争行为等制度安排都有可能是空间不匹配的主观原因。

一、缺乏自然资源和生态环境价值认识的科学性

自然资源是人类赖以生存和发展的重要的物质基础，是区域社会经济系统实现可持续发展的物质保证。就像巧妇难为无米之炊，区域社会经济的发展离不开资源支撑。同时，资源承载能力也制约着区域社会经济发展水平及发展速度。资源是有限的，不是取之不尽用之不竭的，区域资源供给能力也是有限的。

我国目前正处于快速工业化发展的初级阶段，面临着快速发展经济和节约有限资源和保护生态环境的双重挑战。传统资源观指导下形成发展的资源产业存在着严重的资源路径依赖性效应，我国作为能源消费大国，粗放式的经济增长模式已经难以为继，必须重视可再生资源，通过鼓励使用可再生资源，同时利用国内和国际两大市场，努力解决好资源匮乏和生态环境恶化问题。

对自然资源价值和生态环境价值的认识缺乏科学性，形成了自然资源和生态环境没有价值的怪现象。传统的资源观是开发利用原生资源，但造成了严重依赖资源的天然禀赋、资源的持续供给能力不足。而且，自然资源的过度开发利用，带来了生态破坏、生态环境污染及全球变暖等生态环境问题。在传统认识上，人们认为没有投入劳动和不能交易的物质，本身没有价值，也就是说生态环境和自然资源本身不存在价值。在这种认识基础上，对生态环境和自然资源无偿夺占和掠夺性开发利用，导致区域出现严重资源浪费和生态环境恶化现象。以上均属于在传统自然资源和生态环境认识的基础上产生的现象。新资源观是针对传统资源观而确立的观点。

锡林郭勒盟经济总体上处于快速发展阶段，同时也伴随着物质资源的高消耗，大量企业的生存发展要依靠"高投入、高排放、不协调、难循环、低效率"的粗放型增长方式。通过重视节约自然资源、优化资源型消费结构、升级与转型产业结构及提高资源利用效率等方式，使有限的资源实现效益的最大化，从而保持较快的区域经济增长水平。政府的行为在建设节约型社会中发挥着决定性作用，而市场会导致短期行为，所以在建设节约型社会中的市场作用相对较小。在市场经济条件下，政府通过引导和设计规则来发挥其作用，从这点可以看出政府可以大有作为。

总的来讲，资源是人类生存发展的基本物质基础。区域资源、区域产业和区域社会经济发展的博弈关系从主观和客观两个方面考虑，主观上取决于人类的资源观及在资源观指导之下的资源开发利用方式、开发利用程度及所取得的成效等；客观上主要是区域自然禀赋条件及供给状态。重视区域发展在一定程度上、一定时期内依赖本身的自然资源及其资源产业，在其后的开发利用过程中，应当注重资源全球化及其能源物质在全球范围内的流动，同时还应依据知识经济时代和循环经济思想，建立新型资源观，以强化人们对资源价值及利用的认识，加强合理利用资源和节约资源的意识，遵守可持续发展观要求，并促进区域资源合理流动，促进区域产业结构的转型与调整，实施区域新型工业化战略，努力实现区域资源—生态环境—社会经济和谐协调的区域可持续发展目标。

二、开发与保护的职权不分，缺乏统一的协调机制

我国从1980年开始制定了一系列关于保护生态环境和自然资源的法规和法律，对控制区域生态环境退化发挥着极其重要的作用。但这些法律法规有行业倾向性，且在内容上存在重叠交叉、缺乏实际性和冲突的地方。在区域自然资源的开发利用过程中不遵循自然资源空间分布特征和生态环境承载状况，而是受到计划性指令，使得区域资源开发利用过程中产生严重的资源浪费现象，出现生态环境质量下降，区域缺乏统一协调机制。区域生态环境系统是由各种自然资源相互影响、相互制约、相互联系而组成的不可分割的综合体，人类活动对区域自然资源系统的某种资源的改变，都会影响区域其他一种或多种资源。锡林郭勒盟是典型的矿产资源富集生态环境敏感地区，人类大面积地开发利用矿产资源就会影响草原生态系统、影响区域水系统，出现草原土地荒漠化和沙漠化，影响区域气候调节功能，进而影响整个草原生

态系统。人口和资源是一对矛盾，只有合理有序地利用自然资源才能缓和矛盾，达到生态平衡。

三、政府制度安排与政绩考核的不合理

迈克尔·罗斯金在其《政治科学》中指出，政府获得合法性的途径之一是良好的政绩获取及维护。1978年的十一届三中全会将全党、全国的工作重点转移到以经济建设为中心上来，此后的政绩考核以经济增长为重点，并一直持续到现在。政府绩效评估是一种非正式的制度安排，但是在政治发展过程中发挥着非常重要的作用，对政府的行为起着引导和指导作用。政府绩效的评估联系了地方公务员行为和政府绩效，并以评估结果为依据进行奖励与惩罚，从而建立了激励与约束机制，使地方政府和地方公务员的行为收敛于评估指标，从而贯穿上级政策、促进地方发展。上级通过绩效评估对下级政府和部门进行排名，并且根据排名给予晋升和其他奖励。这种政绩考核方式导致各级政府对经济发展和经济增长的过度重视，反映在绩效评价上即对经济指标过度重视，导致政府过多干预经济活动，而缺少对民生和社会问题的关注。快速的经济发展对保持社会稳定、提高执政党的合法性和公信力等方面起到了非常重要的作用，但是受到区域资源生态环境承载能力的限制，过度追求经济利益，导致资源损毁、生态破坏、环境恶化，"经济繁荣"的同时，作为支持经济持续发展重要条件的资源基础却在不断被削弱。现行的政府运行机制和政府管理体制，多数倾向于区域开发驱动，生态环境的保护动力不足，且政府之间的竞争进一步加剧了区域开发活动（见图4-15）。

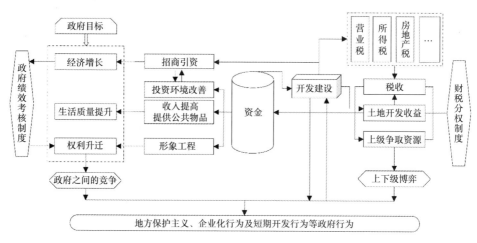

图4-15　政府竞争的区域开发需求冲动[①]

① 陈雯. 空间均衡的经济学分析[M]. 北京：商务印书馆，2008：210.

第五章

生态敏感区（域）人—地系统空间
均衡机制与路径选择

第一节　国内外经典区域适宜性开发模式的经验与借鉴

一、国外典型区域开发模式的实践

区域发展政策的制定实施必须与区域自然环境的承载能力、开发强度等相结合。空间是经济社会活动的主要载体，通过空间适宜性开发的研究，可以计算出区域不同空间的开发强度和开发规模。近一个世纪以来，西方发达国家的一些地区，如德国鲁尔、美国休斯敦和法国洛林等地区主要以矿产资源开发利用和初级加工工业为主导发展，这些地区前后均陷入资源衰竭、制造业瘫痪的区域经济发展困境。这些地区由于高度依赖自然资源及初级工业化，导致生态环境的破坏，同时还受到资源价格的不稳定等外部因素的影响，区域经济发展一直处于低水平，后来经过多年惨痛的转型经历，这些地区成为区域经济增长的主要支点。国外探索出很多影响深远的区域开发模式，其中既有可以借鉴的成功经验，也有吸取教训的失败经验，下面扼要介绍国外几种典型的区域开发模式，为生态敏感区（域）人—地系统空间均衡发展提供重要案例借鉴。

（一）德国鲁尔区工业产业转型与发展模式

德国是现代化工业高度发达国家之一，具有欧洲经济发展的"火车头"之称。德国鲁尔区形成于19世纪中叶，主要依靠当地的煤炭资源，逐渐发展钢铁、机械、汽车等重工业，成为世界著名的工业园区之一。鲁尔区（Ruhrg-ebiet）位于德国中西部的北威州境内、莱茵河下游支流鲁尔河与利珀河之间，占地面积为4 593平方千米，占北威州面积的十分之一，占全德国面积的1.3%，属于人口高度集中分布地区（每平方千米1 500人），是世界人口最稠密的地区之一。鲁尔区内城市密集，5 000人口以上的城市有24个，主要城市包括埃森、多特蒙德及杜伊斯堡等，其常住人口超过50万。

鲁尔区的兴起是以丰富的自然资源、优越的交通网络及较好的市场条件为基础的。鲁尔区拥有非常丰富的煤炭资源，储量为2 190亿吨，占德国总储量的3/4，并且煤炭质量好，种类齐全。1950—1958年，鲁尔区的煤炭和钢铁的产量分别上升了20%和30%，形成了"采矿冶炼生产综合体"，在德国的经济地位迅速提升，其经济总量占德国国内生产总值的30%以上，对德国战后经济复苏作出了非常巨大的贡献，成为欧洲工业的心脏。重工业是鲁尔区经济发展的基础，形成了采矿、炼焦、发电、炼铁、炼钢、钢铁加工、机器制造和采矿、煤化学等重要工业系列。

鲁尔区的采矿业始于1298年，开采状态属于简单原始挖掘。15世纪中叶开始地表刨地挖煤，15—16世纪末开始利用斜井深入地表挖掘，到17世纪时最深的平峒达到400米以上。19世纪的工业革命使鲁尔区开始采取深井开采方式，从而加大了煤炭产量，这是鲁尔区真正意义上的兴起。20世纪后，促进鲁尔区煤炭工业发展的功劳在于"凡尔赛条约"，鲁尔区引进了15万矿工和45万家属，带来了鲁尔区的飞跃发展，煤炭产量从1850年的166万吨增长到1950年的1.11亿吨，近百年里煤炭产量翻了67倍（见表5-1）。

表5-1　鲁尔区煤矿发展情况[1][2]

年份	煤矿个数/个	矿工人数/人	年产量/百万吨
1840	221	8 950	0.99
1850	198	12 750	1.66

---

[1]　冯为民. 西德鲁尔区[M]. 太原：山西人民出版社，1982.

[2]　齐建珍. 区域煤炭产业转型研究[M]. 沈阳：东北大学出版社，2002.

续表

年份	煤矿个数/个	矿工人数/人	年产量/百万吨
1855	260	23 850	3.25
1860	281	29 300	4.36
1870	220	51 400	11.81
1875	267	83 800	16.98
1945	161	278 936	35
1950	159	438 496	111
1955	157	478 975	131
1960	133	390 642	126
1965	98	294 592	121
1970	63	191 426	101
1975	40	150 370	83
1980	33	135 270	76
1985	27	117 460	71
1990	22	89 950	60
1996	16	56 100	40

鲁尔区拥有优越的交通条件，区内有莱茵河、鲁尔河、利珀河和埃姆斯河等四个天然河道，与多特蒙德—埃姆斯、莱茵—黑尔纳、韦恩尔—达特尔恩、达特尔恩—哈姆4条运河组成密集河网。区域境内有74个河港，其中杜伊斯堡为德国乃至欧洲最大的河港。虽然鲁尔区处于内陆地区，但区内有非常便捷的河运条件，其中莱茵河通海航运尤为重要，使得鲁尔区具备了廉价的水运条件。鲁尔区铁路运输始于1847年，区内形成了5条铁路干线构成的铁路交通网络，哈根是德国最大的货物运编组站，是重要的货物集散地。铁路密度为2.4千米/平方千米，营运里程为9 850千米，年均货运量1.5亿吨。鲁尔区公路网络也非常发达，总长度达到3万多千米，成为区内及其他工业园区

联系的纽带。鲁尔区既是消费中心，又是生产中心。德国及西欧地区发达的工业，为鲁尔区工业提供市场。以上优越条件为鲁尔区工业迅速发展奠定基础，表5-2总结归纳了鲁尔工业区的兴起条件及作用。

表5-2　鲁尔工业区的兴起条件及作用[1]

兴起条件	具体表现	作用
丰富的煤炭资源	煤炭资源丰富，其中有利于工业开采的约342吨，以当前开采量计算，大约还可以开采450年	煤炭资源是工业发展的基础，区内传统的五大部门都是以此为基础发展起来的
离铁矿区较近	离法国东部的洛林铁矿区较近	钢铁工业是鲁尔地区的主导产业部门
充沛的水资源	境内有莱茵河、鲁尔河、埃姆斯河、利珀河等多条河流	水资源与煤炭资源结合，促进了化学工业快速发展
发达的水路交通网	内河交织成网，且与海洋相通，水运条件良好；有德国最发达的铁路网，高速公路四通八达	区内所需铁矿运入和工业产品的运出主要通过内河，便利的陆上交通把鲁尔区与德国及欧洲其他发达国家和地区紧密联系在一起
广阔的市场腹地	德国以及西欧发达的工业地区	刺激生产的规模和技术的更新

从20世纪50年代开始，由于世界能源消费结构的变化和科技革命的冲击，德国鲁尔区面临着结构性危机，包括资源量减少与经济增长和就业需求之间的不平衡，产业结构的单调与经济发展的不协调，生态环境恶化与人居环境改善滞后之间的矛盾等，同时失业人口数量增多严重影响着社会经济的稳定发展（见表5-3）。随着科技革命的爆发，钢铁、汽车、造船业需要的人工劳动力减少，鲁尔区传统煤炭、钢铁工业开始衰退。根据材料，煤炭工业

---

[1]　刘学敏.国外典型区域开发模式的经验与借鉴[M].北京：经济科学出版社，2010.

就业人数从1960年年初逐渐下降，到1996年减少到6万余人，钢铁行业失业人数达到4万多，造船业的就业人数也减少2/3左右[①]。

表5-3　鲁尔区与德国的三次产业和失业率对比[②]

单位：%

年份	第一产业就业比重		第二产业就业比重		第三产业就业比重		失业率	
	鲁尔区	德国	鲁尔区	德国	鲁尔区	德国	鲁尔区	德国
1961	2.4	13.6	61.3	46.6	36.3	38.8	—	0.5
1970	1.5	9.1	58.4	49.4	40	41.5	0.6	0.5
1980	1.4	5.3	58.4	45.3	40.2	49.4	5.3	3.5
1990	1.2	3.6	44.4	40.4	54.4	56	10.8	6.6
2000	1.2	2.5	33.3	33.5	65.5	64	12.2	8.1

　　鲁尔区借助丰富矿产资源禀赋条件、便捷的交通网络等优势，形成了以煤炭工业为基础，以钢铁工业为主，电力、机械和化工业的比重较大的相对单一的产业结构（见图5-1）。生产力的不断提高，科技革命的到来，都会对传统行业发起挑战，使得鲁尔区传统生产方式与新兴产业部门之间存在一定的差异，从而影响鲁尔区的发展。20世纪50年代，鲁尔区工业布局已经达到基本饱和状态，若继续建设发展，就会引发生态环境承载力下降，加剧环境污染等问题。20世纪60年代开始，德国联邦政府和北威州政府把注意力集中在鲁尔地区经济产业转型与调整上，相继制定并实施了一系列治理与改造鲁尔工业区的规划和政策，包括"鲁尔发展规划""鲁尔行动计划""北莱茵—威斯特法伦规划"和90年代末提出的"鲁尔地区结构改造计划"等，为

① 赵涛. 德国鲁尔区的改造——一个老工业基地改造的典型[J]. 国际经济评论，2000（Z2）：37–40.

② GOCH S. Betterment without Airs: Social, Cultural and Political Consequences of the Deindustrialization in the Ruhl Area[J]. International Review of Social History, 2002（47）：87–111.

提高各级政府及管理部门决策效率，充分发挥政府投资导向作用。他们对已有的老工业区进行重点清理整顿矿区，集中发展机械水平高和赢利多的煤炭行业，采取政策优惠和扶持改造传统产业，积极改善交通等基础设施建设，注重科技投入，与此同时还积极推动新兴产业的发展，提供资金和技术支撑，推动大中小不同规模企业的合理结构与空间布局。鲁尔区在改造和转型中根据不同城市与地区的特点，发展优势产业，力求产业的多元化，同时大力发展劳动力密集型产业，提高就业岗位的需求，缓解失业压力。在环境治理方面，根据"煤炭补贴税"的规定，由联邦政府承担2/3，地方政府承担1/3的比例来提供填充废井和环境整治的资金，主要用于对空气污染、水体污染及煤矸石的整治与处理改造。联邦德国政府注重矿产资源开发中的生态环境保护，矿产法明确规定，矿业主必须对矿区复垦提出明确的规划及措施，保障足够的复垦资金基础（一般占企业年利润的3%以上），还要确保因开矿而占用的森林、草地进行异地等面积恢复，严格把关土壤分类堆砌及矿水处理后排放。

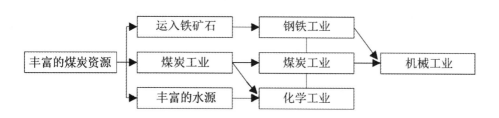

图5-1 德国鲁尔区主要工业部门关联示意图

鲁尔区改造调整时，注重本地文化传统，对工业遗产旅游资源开发加大力度。1989年鲁尔区提出"IBA计划"，采取博物馆模式、公共休闲模式、综合开发模式及区域一体化模式等开发工业旅游，从而促进区域转型发展。

2001年埃森煤矿关税工业纪念遗址被UNESCO（联合国教科文组织）列入世界文化遗产保护名单。鲁尔区"工业遗产旅游"开发使区域经济产业转型获取了卓越成绩，真正实现了经济全面复兴、产业多样化及生态环境优美目标。鲁尔区80%以上的劳动力从事旅游、商业等服务行业，在产业转型中成功转嫁给旅游行业，成为国际上以工业遗产保护及旅游经济开发为主要转型路径的典型。

通过整理归纳德国鲁尔区改造与转型实践模式，为资源富集生态环境敏感区（域）开发建设提供典型案例。上述鲁尔工业区调整与改造做法可以归纳为以下几个方面：

（1）政府主导的社会市场机制，即由政府制定整体规划，发挥主导作用。各级政府机构设定专门指导部门监督改造和转型过程，设立专业规划机构负责各层面关系的协调，保障改造目标的统一性，并且通过法律手段保护改造的科学性与严谨性，德国政府先后出台制定"联邦区域整治法""煤矿改造法"及"投资补贴法"等。

（2）重视教育、技术及科研事业。鲁尔区产业转型与复兴过程中重点发展教育事业，结合"产、学、研"，紧抓区域创新体系，全区拥有17个科研研究所、4个实验室及计算机处理中心，科研人员达到1 100多人[①]。

（3）鲁尔工业区调整改造中注重制度建设和公众意识的培育。如"促进经济稳定与增长法"在保证市场机制中发挥着非常重要的作用等。

锡林郭勒盟近年来快速发展工业产业，经济发展水平多年处于一个相对高强度的开发状态，区域资源生态环境的承载能力持续下降，影响和制约了区域社会经济健康持续发展。如何实现区域开发的空间均衡及区域社会经济

---

① 冯春萍.德国鲁尔工业区持续发展的成功经验[J].石油化工技术经济，2003（2）：47–52.

持续发展问题已经成为研究区亟须解决的问题。虽说鲁尔区与锡林郭勒盟两者之间存在差异，但最终实现产业结构调整目标是相同的，因此在锡林郭勒盟区域开发过程中可以借鉴鲁尔区的经验，从而探索出适合地区情况的产业结构转型和持续发展道路。

（二）美国休斯敦市产业转型与发展模式

美国休斯敦市是由结构单一的石油城转变为科技型综合性大城市的典范。休斯敦市于20世纪初叶开始大力发展石油开采业，随着石油的开采，休斯敦市迅速从一个农牧小城镇转身变成知名度很高的城市。20世纪60年代以后，休斯敦市石油开采业出现下滑，但当时休斯敦市石油产业链逐步形成，经济发展并没有出现急速下降趋势。休斯敦市抓住时机，大力发展相应的产业来替换传统产业，例如1962年NASA在休斯敦市兴建，大力发展与航天产业相关的电子、精密机械及仪器仪表等行业，同时还支持教育科研、医疗、国际贸易和金融等服务产业的发展。到20世纪90年代末，休斯敦市已摆脱对能源经济的依赖，成为美国经济发展的"明星城市"，经济竞争力在美国大城市中首屈一指。休斯敦市产业转型的主要做法有以下几点：

（1）重视支柱产业培育，注重产业链的延伸及升级。重点培养石油产业，同时着力开发石油相关的科研，带动石油产业上下游产业的发展，包括机械、电力、造纸、水泥、交通和钢铁等产业。

（2）扩大主导产业，发展高新科技，形成多元化产业格局。20世纪60年代兴起的航天工业带动了休斯敦市的相关产业的快速发展。

（3）发展现代服务业，建设一个功能完备的国际大都市。20世纪80年代休斯敦市开办的银行数量达到46家，成为美国四大金融中心之一。除了金融，休斯敦市的教育、医疗事业、文体事业等均得到了巨大发展。

休斯敦市能够进行成功的产业转型，主要得益于以下经验：

（1）产业转型开始时间较早，实现产业的多元化发展。休斯敦市在采矿业的黄金时期开始注重产业的多元化发展与转型。到20世纪90年代末，产业发展已经摆脱了对能源资源的过度依赖。

（2）分主次、有先后地进行双向多元化发展接续产业。休斯敦市遵循市场经济发展规律，并依托区域发展优势条件，注重地区第三产业的培育和发展。除了发展以石油和天然气为原料的加工、深加工产业，也重视航天、电子、生物工程及医疗等服务产业的发展。以服务业为主的第三产业在休斯敦地区迈进国际大都市进程中起到非常重要的作用。

（三）法国洛林地区转型与发展模式

洛林地区位于法国东北部，属于矿产资源富集区，是法国重要的重化工业基地。洛林地区铁矿储量占法国铁矿资源的80%以上，且埋藏较浅，便于开采等特点；煤矿储量也很丰富，占法国总储量的1/2以上。从20世纪60—70年代开始，由于资源、环境和技术等条件和外部市场竞争压力，冶金、纺织和煤炭等行业出现衰退，并受到1973—1974年经济危机的影响，洛林地区"结构性危机"更加严重，迫使其开始实施"工业转型"战略。①洛林地区减少了煤炭和钢铁等传统产业的生产规模及生产能力，停止所有成本高、污染重、消耗大、市场竞争能力差的铁矿、煤矿及纺织等工业，主要生产能力集中在竞争能力强的少数企业。②注重高新技术投入，引进新型技术设备，改善传统产业，淘汰落后的生产工艺，从而提高了机械、钢铁、化工产业产品的技术含量和附加值。③为了适应国际市场需求，洛林地区重点发展计算机、激光、电子、核电、生物制药、环保等高新技术产业，逐渐改善了传统产业的格局。④工业转型和体制转型相互结合起来，以体制转轨来带动产业转型，把产业转型行为转变成社会的一种自然行为。

洛林地区的产业转型成功主要得益于以下经验：通过政府出资帮助失业人员进行培训，以促进就业机会、减少失业，政府的"孵化器"平台在中小企业的培育和发展方面发挥着非常重要的作用，欧盟、法国等各级政府在组织、计划、资金和政策等领域的支持在洛林地区的产业转型中起到了至关重要的作用。

（四）日本北九州市产业转型与发展模式

北九州市位于日本列岛西端，人口约100万，面积约为487平方千米，是日本九州岛最大的港口城市，也是日本最重要的煤矿产地。北九州市主要以钢铁、金属、化学等原材料型产业为主，是日本四大工业区之一，在日本现代化过程中发挥了非常重要的作用。20世纪50年代以后，日本煤炭产量大幅度下降，造成大量煤矿被迫关闭，带来了一系列的经济和社会问题。在社会各个阶层的推动和努力下，北九州市环境得以迅速恢复，经济结构也得以成功转型，市民、企业、政府部门和研究机构携起手来共同行动，创造了"官、产、学、民"联合模式。

（1）政府主导：政府出台相关法律，创建公害对策部门和公害动态监视部门，加强与企业合作。1961—1991年，日本政府共制定了9次煤炭政策，作废了煤炭产业的保护政策，并对煤矿采取关停措施。

（2）政府与企业合作模式：日本政府利用企业的极大影响力和资金支撑来实现区域相关治理措施。北九州市企业推崇减排、循环利用和再利用三个原则。目前日本拥有世界上最先进的环保体系，日本的绿色生产技术，推动了区域经济发展、技术革新，并提高了企业竞争能力，提高了区域经济发展速度。

（3）科研机构和高校的支撑：科研机构和高校是日本实现转型发展的重

要保障，在区域经济发展和转型过程中提供高质量的科技、人才和创新思维。

（4）社会公众的广泛参与：日本通过媒体宣传及相关报道，积极推动区域环保进程，自发形成民间环保组织，以专业和高效率的方式介入、推动和监督环境保护活动，培养环保意识。

日本北九州市产业转型成功的经验：在政府的宏观政策的指导下，逐步从资源型产业退出，同时在政府政策和投资的支持下，大力发展新兴产业，最终实现资源型地区的经济结构转型。

（五）国外典型资源型城市（地区）产业转型模式对比

通过对比上述典型资源型城市（地区）的产业转型模式可以发现，由于自然环境等条件的差异，各矿产资源地区的开发与生态环境保护模式大体上可以分为三种（见表5-4）。

表5-4　国外典型资源型城市(地区)产业转型模式对比

典型资源型城市（地区）	产业转型模式
德国鲁尔区、法国洛林地区（欧洲）	专职委员会主导模式：建立专业委员会或其他专业组织，制定详细目标、计划和政策，各部门和社会各界通力合作促进产业转型
休斯敦市（美国）	市场主导模式：在控制资源型城市的兴衰中，政府的作用极少，企业投资流向对资源型城市的发展起着决定性作用。区位条件好的资源型城市逐渐发展成为综合性城市，区位条件差的城市则走向衰败
北九州市（日本）	政府主导模式：政府根据国内外市场的变化和资源区的实情，通过制定和修改产业政策、设定目标推进转型

（1）政府主导模式：日本是政府主导模式最典型的代表之一。日本国内自然资源稀缺，日本政府部门特别关注资源型产业的发展。从1956年开始日本注重采用进口替代的政策取代原来的资源开采政策，同时还注重资源型产

业转型产业的培育。1962—1991年，日本政府为了确保煤炭地区经济发展，先后对煤炭经济政策进行了9次修订，逐渐实现了煤炭主要依靠国外资源的情况。政府给予相应的补贴来支持煤炭企业从业人员。政府大力建设基础设施和公用事业，重视对转型城市投资环境的改善，从融资和税制等方面为当地产业转型提供便捷条件。产业转型过程中政府部门扮演着组织者或指挥者的角色，政府拥有权力集中、高信用等级等优势条件，使得日本资源型城市的产业得以成功转型。

（2）专职委员会主导模式：该类模式主要以欧洲国家（德国鲁尔区和法国洛林地区）为代表。此模式以某个特定委员会为协调主体，政府主要通过财政援助等方法促使工业产业转型。德国鲁尔区专门成立了委员会负责规划，如鲁尔煤矿区开发协会（见表5-5）。

表5-5　欧洲资源型产业转型专职委员会或机构

组织机构	具体案例
产业转型管理机构	欧盟"钢铁与煤炭组织"、鲁尔区"鲁尔煤管区开发协会"、法国"国土整治与产业转型部"、英国"煤炭企业有限公司"等
产业转型研究机构	"欧洲资源转型与调整中心"、鲁尔区"经济促进会"等
企业培训机构	洛林地区"企业园圃"、欧盟"欧洲企业创新中心"等
再就业中介中心	英国"再就业安置所"
自己筹备机构	欧洲地区发展基金、欧洲钢铁工业发展基金等
培训机构	鲁尔区"跨行业培训中心"

（3）市场主导模式：主要以美国、加拿大和澳大利亚为代表。此转型模式主要通过市场机制的调整来推动矿产产业经济转型。

二、国内典型区域开发模式的实践

资源型城市是指依托丰富的自然资源而兴建或发展起来的，主导产业是以资源为基础的采掘业和初级加工业的一种特殊类型的城市[①]。根据国家计委宏观经济研究课题组的统计，截至2000年，我国资源型城市数量有118个，土地总面积96万平方千米，其中市区面积占10.312%，涉及的人口数量为1.54亿，其中城市人口为4 000万。我国工业化进程中，资源型城市的建立和发展起着非常重要的支撑作用，但是资源型城市相继出现资源枯竭现象，并导致经济增长缓慢、失业人员数量增多、生态环境破坏和污染严重等一系列社会经济和生态环境问题。到20世纪90年代，中央及地方政府开始重视并且提出资源型城市产业转型问题，经历了多年的摸索，国内有些城市形成了一些独特的产业转型模式。

（一）辽宁阜新模式——主导产业再造模式

阜新市是我国著名的煤炭生产基地，是一座因煤立市、因煤而兴的城市，是中华人民共和国早年间建立的煤炭资源生产基地之一，"一五"时期，国家156个重点建设项目中就有4个项目安排在阜新市。随着煤炭资源开采过程中出现经济结构单一、生产模式相对固化等问题，阜新市的经济发展陷入困境。到2001年，国务院决定在阜新市进行资源型城市的经济转型试点，并提出了"转型复兴计划"。经过调研及分析，阜新市转型的大体方向是大力发展第一和第三产业，调整优化第二产业结构，逐渐形成第一、二、三产业协调发展，实现阜新市社会经济的可持续发展。2001—2005年，国家相继在阜新市安排了200多个建设项目，为阜新市产业经济转型保驾护航。2003年国务院启动的振兴东北老工业基地战略，也为阜新市产业转型提供了良好机遇。整体上来讲，阜新市产业转型路径可概括为：因地制宜，立足本

---

① 张米尔，孔令伟. 资源型城市产业转型的模式选择[J]. 西安交通大学学报（社会科学版），2003（1）：29–31.

地适宜农业的自然环境优势，用现代农业代替煤炭工业的主导地位；充分把握并利用国家鼓励发展煤电联产的契机，推行"稳煤强电"，继续发展煤炭生产及煤炭资源的深加工等相关产业。

（二）黑龙江大庆模式——主导产业延伸模式

大庆市是以石油和石化工业为主导产业的资源型城市，是我国最大的石油生产基地和石油化工基地。大庆市的经济结构比较单一，在工业比重结构中，重工业占的比重相当高（97.3%），重工业主要以石油开采为主，其产值占工业总产值的67.2%，加工业占比不到1%。大庆市在资源枯竭的情况下，从"七五"开始注重产业结构的调整与升级，大力支持并发展以石油资源为基础的一系列代替产业，到"八五"时期，大庆市产业结构调整取得明显的效果，深加工产业、电子信息产业及建材业等发展迅速。大庆市主要实施了以下措施和战略：①注重接续产业的发展，并不断优化产业结构。利用化工原材料，延伸产业链，发展精细化工、塑料加工等产业。②加大城市基础建设和事业建设，提升城市品位。从2001年以来，累计投资400多亿元，建设完成交通桥梁工程。③加快改革开发步伐，激活经济活力。④注重社会就业和再就业工作，建设和谐社会，保障社会稳定团结。大庆市自2001年以来累计解决就业和再就业11.5余万人次。

（三）山东枣庄模式——传统产业改造模式

枣庄是山东乃至黄淮海地区重要的能源、建材基地，是一个因煤而兴的典型资源型工业城市。20世纪90年代，枣庄开始实施产业转型措施，提出要摆脱单一煤炭开采的产业格局，大力促进加工制造业和新型工业等多元化发展。目前已经形成建筑材料、煤炭挖掘、纺织工业及机械电子四大支柱产业，同时还有以造纸、食品、医药等产业为代表的多元化产业体系。

（四）鄂尔多斯模式——创新创业引领转型升级模式

鄂尔多斯位于内蒙古自治区中部城镇密集群中，与呼和浩特、包头共同形成"金三角"地区，西北东三面为黄河环绕，毗邻晋陕宁三省区。全市辖七旗二区，总面积8.7万平方千米，总人口194.07万。2019年全市实现地区生产总值3 605.03亿元，地方财政一般预算收入501亿元，固定资产投资2 240亿元，城乡居民收入分别达到49 768元和20 075元（数据来源于2020年内蒙古统计年鉴）。下面从鄂尔多斯市的区域发展优势条件和制约因素及产业结构调整转型等方面的主要做法进行深入探讨。

1. 鄂尔多斯市区域发展的优势条件

（1）有良好的区位条件和较强的地缘关系：鄂尔多斯的区位条件很好，东北与呼和浩特市、包头市相连，构成了内蒙古自治区经济"金三角"；其余的三面分别毗邻山西省、陕西省、宁夏回族自治区，是晋陕蒙宁的资源集中区。区内可融入环渤海经济区域，区外可辐射大西北地区，并且通过陆路口岸与蒙古、俄罗斯和东欧以及西北亚国家实现贸易往来。

（2）矿产资源丰富，地域组合优良：自然条件和自然资源是区域经济发展的物质基础，也是人力直接的劳动对象。随着社会经济不断发展以及技术和生产力水平的不断提高，自然资源范畴也不断地扩展，包括自然条件与自然资源影响、区域产业规模和效益、区域产品质量和生产方式、区域产业分布、劳动地域分工和区域产业结构。

鄂尔多斯市自然资源富集，有"羊（羊绒）、煤（煤炭）、土（高岭土）、气（天然气）、风（风能）光（太阳能）好""塞外宝库"等美誉，各类可供工业开采的矿产资源达三十多种，其中以能源矿藏最为显著，现已成为国家重要的能源基地。该地80%的地表下埋藏着煤，东部有准格尔煤田

（探明储量为260亿吨）、西部有桌子山煤田（探明储量为981亿吨）、南部有东胜煤田（探明储量为37.5亿吨）、北部有乌兰格尔煤田（探明储量为83亿吨）。该市已探明煤炭总储量为1 496亿多吨，占全国总储量的1/6。石油、天然气是该市近年来发现的新能源，主要位于鄂尔多斯市中西部。地质勘探部门已经在该地发现20多处油气田，鄂托克旗境内现已探明油气储量11亿立方米，在乌审旗南部也发现了油气田。该市的羊绒制品加工产量占全国的1/3、占世界的1/4，成为中国的羊绒城、世界羊绒交易中心。该市化工资源品种齐全、蕴藏量比较丰富，主要有天然碱、芒硝、食盐、硫黄、泥炭等，还有伴生物钾盐、镁盐、磷矿等。总体来讲，鄂尔多斯的矿产资源是非常丰富的，并且资源的质量及开采条件都很理想，根据当地的区域经济发展条件，已经形成许多类型的产业集群（见表5–6）。

表5–6 鄂尔多斯市重点产业群和主要分布状况

产业集群类型	主要分布地区
能源产业集群	煤炭——各旗区，天然气——乌审旗（苏力格气田）
电力产业集群	东胜区、达拉特旗、伊金霍洛旗、鄂托克旗和杭锦旗
化工产业集群	准格尔旗、伊金霍洛旗、鄂托克旗、乌审旗和达拉特旗
装备制造业集群	东胜区、康巴什区和伊金霍洛旗
铝产业集群	准格尔旗和达拉特旗
清洁能源产业集群	准格尔旗、达拉特旗和鄂托克旗
电子信息产业集群	东胜区
建材产业集群	达拉特旗和准格尔旗
羊绒产业集群	东胜区
现代服务业集群	东胜金融广场、康巴什金融CBD、阿康物流园区、鄂尔多斯文化产业园区

（3）鄂尔多斯有雄厚的社会经济条件。社会经济条件是经济地域与经济地域系统形成发展的基础，随着时代的进步，经济条件的作用显得日益重要。鄂尔多斯依赖煤炭资源开发和城市化过程中的土地流转补偿，实现了财富的迅速增长，GDP规模由2002年的204亿元跃升至2011年的3 218亿元，10年时间实现将近15倍的增长。

鄂尔多斯地区拥有丰富的自然资源、良好的社会环境和雄厚的资金条件、有利的区位条件和良好的地缘基础，通过建立完善体制制度，加强基础设施的建设和配套，积极调整产业结构，改善投资环境，使之在新的经济社会环境中发挥重要的作用。

2. 鄂尔多斯市区域发展的制约因素

（1）水资源稀缺，供需矛盾尖锐。鄂尔多斯不缺矿产资源，但缺乏水资源，属较严重缺水地区。以人均水资源量评判缺水程度的标准是：大于3 000立方米为丰水，2 000~3 000立方米为中度缺水，1 000~2 000立方米为重度缺水。鄂尔多斯市人均水资源为1 935立方米，属于重度缺水地区。它地处内陆，远离海洋，气候干燥，多风，属于典型的干旱、半干旱温带大陆性气候，多年的累计平均降水量为313毫米，年平均蒸发量为2 402毫米，是年平均降水量的近8倍。根据相关资料分析，鄂尔多斯市可供利用的水资源中，地下水占61%，地表水占39%；如果不计黄河水量，鄂尔多斯市地表水可供利用的地表水仅占11.8%。地下水天然资源量为745.76×10^4立方米/天，其中可采资源量为367.85×10^4立方米/天，主要分布于乌审旗、杭锦旗以及鄂托克前旗。随着该市大力发展工业、大规模开采矿产资源，地下水位普遍下降，尤其在东胜区、准格尔旗和达拉特旗，下降速度更快。总之，鄂尔多斯市水资源量是有限的，随着经济快速发展，水资源的供需矛盾日益突出。

（2）生态环境敏感，发展与保护矛盾突出。鄂尔多斯市生态环境比较敏感脆弱，是全国荒漠化较为集中、危害较为严重的地区之一，境内有毛乌素沙地、库布齐沙漠和丘陵沟壑区，山地和沙地的面积占总面积的80%以上，其中堪称世界水土流失之最的砂岩裸露区占总面积的1/4。鄂尔多斯市以资源过度消耗为代价的粗放经济增长方式下的产业结构是不协调的，且短时期内大力发展重化工业所取得的GDP迅猛增长必定会对生态环境造成危害。

矿产资源开采的生态环境损失包括环境污染损失和生态破坏损失。鄂尔多斯市是资源富集但生态环境极为敏感的地区，传统开发模式对生态环境的破坏程度高，因此，要充分发挥资源禀赋的优势，将原始的开发变成可持续开发、有序和高新技术开发，使资源开发生产的经济效益最大化，同时也使生态环境得到很好的保护，提高地区经济社会可持续发展。

（3）人才发展和政府管理能力滞后。"科学技术是第一生产力""经济竞争最终是人才的竞争"是我国改革开放实践得出的科学论断。人口与劳动力条件是区域经济地域形成发展的劳动力保障与动力源泉，同时也是区域消费主体。任何一个区域，如果没有一定人口和劳动力的保障，经济就难以发展。鄂尔多斯市科技和人才发展明显滞后于经济发展水平。人才聚集在区域经济发展中发挥着极为重要的作用，在转型发展、科学发展的道路上科技与人才是第一资源。2020年鄂尔多斯市人才总量为43.8万人，其中高层次人才总量为4.5万人，占全市人才总量的10.27%。鄂尔多斯市科研基础薄弱、高层次人才紧缺、自主创新能力不足等问题仍很突出，远没有形成科技、人才、管理等高端要素支撑发展的格局。

近年来，鄂尔多斯政府出台了各种惠民政策，但是实施当中存在一些问题。政府鼓励牧民积极参加各种项目的建设，但是项目资助款不能按时发放到牧民的手里，当地的牧民只能拿自己的存款或通过借高利贷来保证项目的顺利完成。这种举措原本是为了提高牧民的生活水平，让牧民过上现代化生活，结果不仅没能达到目的，且让牧民在较长时间内都不得不努力偿还高利贷，生活水平还不如原来的状态。

综上所述（见图5-2），鄂尔多斯区域经济发展的条件较好，随着鄂尔多斯的工业化进程，人们的生活水平、区域基础设施建设水平、交通道路以及文化科技等方面得到明显提高，但是该地区的发展起步较晚，基础相对薄弱，管理还比较粗放，整个发展系统还存在诸多"软肋"，金融、物流、教育、科技等明显滞后，严重缺乏高素质人才，满足不了当前的经济社会发展的需要。鄂尔多斯市蕴藏着的发展潜力有以下几个方面：其一，政府已经有

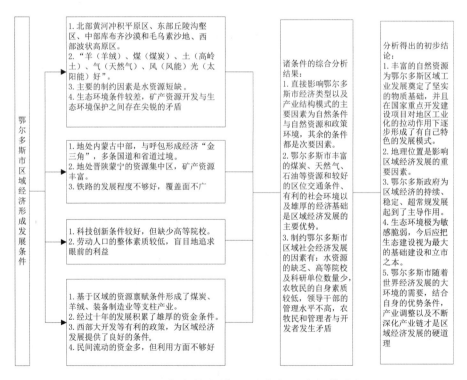

图5-2 鄂尔多斯经济区形成发展诸条件分析

了比较雄厚的财政实力；其二，地区基础设施的建设取得了非常不错的成就；其三，民间蕴藏着巨大的资本实力；其四，大型国有企业（特别是央企）在这里已经生根，其煤制油项目已经拥有了超强技术储备等。

三、对人一地系统空间均衡发展的启示

通过分析美国、德国、法国、日本等发达国家和国内的资源型地区开发模式的实践经验，总结出市场运作、政府主导和专职委员会负责三种资源开发与生态保护模式，为锡林郭勒盟矿产资源区域经济可持续发展提供有益的启示。

从矿产资源开发利用活动历史来看，锡林郭勒盟作为我国重要能源资源富集地，且是我国北方生态长城的重要组成部分，同时扮演着"国家能源安全"和"国家生态安全"的双重角色。可以说，锡林郭勒盟矿产资源开发利用与区域开发活动之间存在天然性同源关系。矿产资源开发利用活动作为区域整体开发的重要方向具有深厚的物质基础，这对研究区乃至北方草原生态地区可持续发展具有重要的启示作用。

（一）完善相关法律制度及建立专职委员会统筹协调

矿产资源区域开发与生态保护系统中涉及的利益关系错综复杂，需要权威法律约束和承担相应责任的专职委员会，进而更有效地推动和实现政策的有效性。借鉴德国鲁尔煤管区开发协会的经验，建立一系列信息流动渠道，帮助平衡各个利益集团之间的关系，提高区域发展决策的效率和科学性。

发达国家以矿产资源开发为基础的产业转型立法模式主要分为以下两类：一类是以美国为代表的污染预防型，将资源的回收利用纳入污染预防的法律范畴；另一类是以日本及德国为代表的循环经济型，将资源环境统一起来，并纳入循环经济的范畴。美国的法律注重强制性，企业遵守法律的成本相对较高。1990年，美国颁布了"污染防治法案"，该法案迫使企业注重通过设计和

工艺的决策来减少污染。欧盟国家注重区域经济和生态环境之间的协调发展，日本的资源环境条件特殊，导致其从资源的源头开始紧抓节约利用的主线。

（二）发展技术型产业，延伸产业链

科学技术是第一生产力，是促进区域社会经济发展最为活跃的因素，也是促进区域矿产资源开发利用的重要因素。对传统矿产资源产业进行技术投入，大力培育发展技术型产业有助于矿产资源富集地区的可持续发展。美国专家Barney认为，"美国国家利益关系中技术领导地位非常重要""技术与知识的创新能力将会决定美国在国际市场上的地位"。目前，锡林郭勒盟处于工业化初级阶段，整体经济发展水平较低，在矿产管理与矿产资源综合利用方面缺乏技术投入。美国、法国等西方发达国家在矿产资源开发与生态环境保护中科技投入巨大，美国在1994年将国家生产总值的2.61%用于研究与开发，从这一点可以看出，资源型地区产业成功转型及将来可持续发展与否跟科技投入有密不可分的关系。目前锡林郭勒盟矿产资源开发与利用中的科技投入低于世界平均水平，矿产采选加工技术设备和管理方式不够先进且资金投入不足，部分矿山回采率、回收率偏低，资源综合利用水平不高，造成生态环境压力大。相当一部分矿企尚处于原始矿产品生产和初加工阶段，特别是非金属矿山，深加工系列产品少，比重小，产品附加值低，经济效益不高。依靠科技进步，最大限度地提高科技投入是实现有效保护和合理开发矿产资源的最重要的途径。美国石油开采从20世纪60年代开始下滑，当时休斯敦市通过产业链条的延伸和拓展，加快了石油相关的科研工作，并带动了为其服务的机械、电力、造纸和交通运输等一系列产业的发展。

（三）建立矿区资源环境检测监督体系

煤炭资源开发的特殊性决定了其对矿区资源环境的影响是全空间立体

的，即从地下→地表→空中。因此，有必要利用现代空间信息技术，构建纵横交错、"地下、地表和空中三位一体"的矿区资源环境监测监督体系。该系统执行主体由纵向上的国家、行政部门和生产单位组成，系统监督主体由横向上的资源环境利益主体共同组成（见图5-3）。

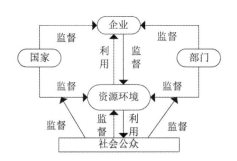

图5-3　资源环境监测监督体系构成

（四）劳动力培训与部署

劳动力要素是生产要素的一部分。马克思说过，劳动生产力是由多种情况决定的，其中包括工人的平均熟练程度、科学的发展水平和它在工艺上应用的程度、生产过程的社会结合、生产资料的规模和效能，以及自然条件。富余劳动力就业安置对打破小农意识，推动新型城镇化建设，让群众走向现代化、融入现代化社会，全面提升人口素质，实现各民族共同繁荣发展、摆脱贫困，实现如期脱贫具有重要意义。在美国规模最大的50家工业企业中，有近70%已更新了原来的职工培训计划。美国联邦储备委员会前主席格林斯潘也指出："进入21世纪以后，如果我们能在增加设备投资的同时也增加人员、创意和管理方面的投资，经济就能更加有效地运转。"在劳动力安置和员工的职业再造过程中，法国和日本提供的经验也值得借鉴。如法国由国家支付培训费对产业工人展开技能培训，培训结束后，培训中心至少为每个工人提供两种职业选择。此外，政府还建立了许多工业发展公司，通过发展新企业来创造新的就业岗位。

（五）建立矿产资源型区域预警机制

借鉴加拿大的矿产资源型区域预警机制，有助于政府部门对此类矿产资源型区域的转型进行事前的宏观规划和有序安排，避免出现前挖后补现象，增加政府的财政负担。而预警机制的建立则有助于矿产资源型区域形成"一业为主、多业并举、共同发展"的局面。在矿产资源型经济的运行过程中，地方政府基于对当地经济运行状况的了解，应该在鉴别资源开采阶段划分的预警机制的构建中起主要作用。完整的预警机制需要一系列的定量和定性分析，并以定量分析为主，应尽快开发出一整套科学完善的指标体系。

第二节　生态敏感区（域）人—地系统空间均衡发展中存在的问题剖析

一、生态环境系统中存在的问题

锡林郭勒盟作为我国北方的生态屏障，同时是少数民族边疆地区、国家级自然保护区、贫困旗县连片区、水资源匮乏区等多重因素影响下的生态脆弱区域。随着草原生态环境系统变得更加脆弱，其基本功能降低，导致生态系统受到的外界干扰远远大于系统自身的反馈调节能力，以致无法进行自身的调节和适应。由于生态环境的严重退化影响着区域社会经济系统功能，人们为了满足自身需求，对区域自然资源进行掠夺式开发利用，牲畜数量增加，使草原生态系统的输出大于输入，失去原有平衡，使生态经济系统越来越远离稳定状态，形成恶性循环（见图5-4）。当前，"恶化—贫困"已成为内蒙古牧区难以斩断的链条，"恶化"是指牧区草原生态环境质量的下降，"贫困"是指牧民生活水平的降低。生态环境恶化导致草场产出低，低产出引起牧区贫困化，牧民贫困致使对草场的投入（管理、技术）不足，投入不足意味着经营粗放，经营粗放导致草原生态的进一步恶化。这样，在内蒙古牧区已形成一条"恶化—贫困—进一步恶化—进一步贫困—……"的恶性循环链。

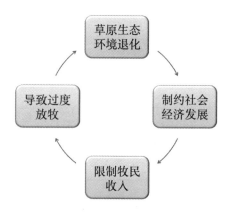

图5-4　生态经济系统正反馈关系

二、城镇空间系统中存在的问题

锡林郭勒盟生态环境敏感脆弱，水资源匮乏，草原牧区的荒漠化现象严重。资源禀赋条件从根本上决定了整体自然环境支撑能力较弱的事实，导致研究区没有条件发展大规模城市和城市群。从2014年中国鬼城指数排行榜材料①中可以看出，二连浩特市排名第一，锡林浩特市排名第七，2015年，二连浩特市依然保持第一位，而锡林浩特市的排名已降到第二十七，这说明锡林

----

① http://sh.house.ifeng.com/detail/2014_10_12/50060123_0.shtml.

浩特市等牧区城镇化模式仍然没有摆脱"摊大饼"式发展方向。

锡林郭勒盟的主导产业随着煤炭、石油、有色金属等主要矿产资源的空间分布而分布，导致产业往往与城镇距离较远（见表5-7），大量的产业投资对城镇带动作用不够强，使得工业化对当地城镇化的带动强度减弱，产业空间分布的不合理严重妨碍区域城镇化与工业化之间的互动效应，其中西乌珠穆沁旗的巴彦花镇和白音华矿区是最为典型的城市和产业分离的例子。美国西部畜牧业地区及我国东部沿海地区的城镇化模式的主要特点是：依靠发展地区资本来促进区域畜牧业和农业的发展，从而使大量农牧区剩余劳动力向城镇地区集聚，并推动手工业、农畜产品加工、制造业及第三产业的发展，区域城镇化与工业化之间形成良好的互动效应机制。虽然牧区土地与人口的城镇化速度较快，但都是表面城镇化，没有真正强大而持久的经济支撑，所以反过来也很难进一步推动工业化，从而在工业化与城镇化之间不能形成有效互动。

表5-7　主要工业园区概况

名称	化工	能源	建材	矿产冶金	农畜产品加工	其他	共计
二连浩特边境经济合作区	0	0	26	8	5	67	106
锡林郭勒经济技术开发区	9	3	10	14	47	6	89
白音华工业园区	3	17	7	6		10	43
多伦工业园区	5	4	14	6	2	18	49
乌里雅斯太工业园区	3	1	3	2	2		11
镶黄旗工业园区	3	4	45	10	8	9	79
上都工业园区		1	20	5	8	36	70
朱日和工业园区	9	6	6	29	37	2	89
德力格尔工业园区	0	8	2	5	0	0	15

续表

名称	化工	能源	建材	矿产冶金	农畜产品加工	其他	共计
明安图工业园区	1	2	6	4	23	2	38
芒来循环经济产业园区	12	1	0	2	0	0	15
乌拉盖贺斯格乌拉工业园区	1	9	3	1	0	2	16
太卜仆寺旗工业园区	2	1	1	1	3	0	8
合计	57	48	143	93	135	152	628

第三节　生态敏感区（域）人—地系统空间均衡发展模式及路径选择

　　区域开发模式指的是不同国家或地区在发展过程形成的一种特有的经济结构和经济运行方式的理论概括，是国家和地区在自身独有的社会经济、生态环境及历史文化传统的基础上所形成的发展方式及发展途径。区域发展模式是在区域自然生态环境、经济文化条件及政府各种政策调控行为等诸多影响因子共同作用下形成的。国家或地区必须遵循一个相对完整的发展模式，如果没有一个完整的发展模式的支撑，国家和地区的社会经济发展就是一盘散沙，不能实现区域可持续发展。因此，选择和顺利实施一个科学的、适合当地区情的区域发展模式，是实现区域可持续道路的最基本要求。

　　区域发展模式的合理与否是植根于区域社会经济发展、自然生态环境及历史文化背景的。实现锡林郭勒区域空间均衡发展目标，首先必须开发研究区的空间适宜性，在此基础上，因地制宜，根据不同区域自然资源和生态环境条件，采取适宜区域空间开发条件的发展模式，实现区域人—地系统空间的均衡发展。

一、社会经济系统中存在的问题

产业结构和经济发展之间是互为条件、互为因果的关系，产业结构是区域经济发展的产物，又是区域将来社会经济发展的基础、关键因素和主要动力。不合理的产业结构会导致比例失衡、资源浪费，严重阻碍区域社会经济的快速、持续发展。锡林郭勒盟拥有丰富的矿产资源，是我国重要的能源输出基地，长期以来形成了以能源原材料工业为主的产业结构。在矿产资源开采利用的初期阶段，这种高度依赖资源的产业结构为锡林郭勒盟和内蒙古自治区乃至全国的经济发展作出了巨大贡献，但由于产业重型化，工业产品初级化，致使适应市场的能力弱，经济发展效益差，对生态环境的压力大。该地区综合经济实力较弱，传统农牧业亟待转型，现代服务业发展不足，工业产业主要以资源型、能源型产业为主，因而抗衡经济风险的能力差。锡林郭勒盟属于生态环境脆弱敏感区域，生态环境易损难修复，水资源匮乏且时空分布不均，经济发展对资源环境产生的压力日渐增大，实现发展与保护双赢的目标任重道远。

二、区域空间开发适宜性分区

国土开发适宜性评价就是特定的国土空间在工业化和城镇化的适宜性程度，是根据国土空间的自然和社会经济属性，研究国土空间对预定用途适宜与否、适宜程度以及限制状况[1]。生态敏感区（域）是一个特殊的地理单元，实证研究区80%以上的土地属于草地类型，其生态系统相对脆弱敏感。随着牧区快速工业化和城镇化，其经济社会发展取得了前所未有的成就，但目前属于工业化发展初期阶段，过度依赖自然资源和粗放式的开发模式导致草原生态环境

---

① 唐常春，孙威. 长江流域国土空间开发适宜性综合评价[J]. 地理学报，2012（12）：1587–1598.

恶化，人地矛盾进一步深化。因此，合理配置人类空间开发活动，满足牧区发展所要求的经济和生态效益，促进区域空间开发与空间供给能力的空间均衡，是关系到牧区科学合理的空间管制和牧区可持续发展的关键一环。

（一）适宜性评价数据来源

空间开发适宜性评价研究主要利用地理空间数据和社会经济统计数据，主要技术流程见图5-5。

本研究中所用的生态环境支撑能力和发展潜力基础数据来源于"内蒙古自治区地图集""内蒙古交通地图"。具体处理步骤如下：①先对原始数据进行数字化，并根据等级规模赋予不同的属性值，权重值的大小代表各要素对基础设施支撑能力的贡献和影响程度；②在ArcGIS10.6软件支持下，测算各栅格与设施线路和具体节点之间的最短距离，并按照地理第一定律（距离衰减原则）确定不同类型设施的衰减指数，从而获得研究区每个栅格的不同类型基础设施支撑能力得分。

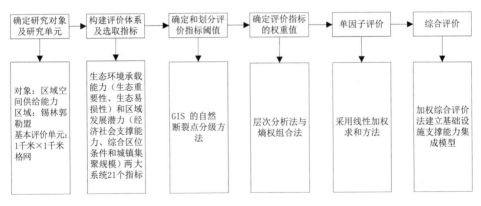

图5-5　主要技术流程

社会经济统计数据来源于内蒙古统计年鉴。其中，人口数据格网化采用多元相关性分析、多元回归分析等方法，将人口数据与影响人口空间分布的交通道路、土地利用类型等影响因子进行相关性分析，从而得到区域人口数据空间展布；经济栅格数据是以研究区旗县市为基础样点，以人口数量、居民点数量为协同数据进行克里格空间插值展布。

（二）适宜性评价指标选取

构建合理科学的指标体系是对区域空间开发适宜性做出客观评价的基础和前提。根据区域空间开发适宜性评价的科学内涵，遵照系统性、权威性、科学合理性、客观性、独立性和可获得性等原则，参考相关研究成果，构建适合锡林郭勒盟的区域空间开发适宜性综合评价指标体系（见表5–8）。

表5–8　区域空间开发适宜性综合评价指标体系

目标层	系统层	准则层	指标层	权重值	代码
区域空间开发供给能力	生态环境支撑能力	生态环境重要性	水源涵养重要性	1	A
			土壤保持重要性	1	B
			防风固沙重要性	1	C
			生物多样性维护重要性	1	D
		生态环境敏感性	土地沙漠化	1	E
			土壤侵蚀	1	F
	区域发展潜力	经济社会支撑能力	经济景气度	0.119 1	G
			人口集聚度	0.113 2	H
			能源资源赋存条件	0.056 7	I
			能源工程支撑	0.098 3	J
			产业园区支撑条件	0.168 8	K
		综合区位条件	锡林浩特市的可达性	0.097 5	L
			交通枢纽程度	0.228 1	M
			口岸条件	0.061 7	N
		城镇集聚规模效应	城镇建设用地规模	0.056 6	O

（三）适宜性评价指标集成和综合评价模型构建

采用线性加权求和方法逐步进行集成计算，依次获得研究区生态环境支撑和区域发展潜力指标的评价结果，加权综合集成的计算公式见式（5–1）和式（5–2）：

$$\text{EESC}_i = \sum_{j=1}^{n} (P_i \times E_{ij}) \tag{5–1}$$

式中：EESC_i 为第 i 格网的生态环境承载能力指数；E_{ij} 为第 i 格网的第 j 指标指数；P_j 为第 j 指标的权重值。

$$\text{DPI}_i = \sum_{j=1}^{n} (P_i \times E_{ij}) \tag{5–2}$$

式中：DPI_i 为第 i 格网的区域发展潜力指数；E_{ij} 为第 i 格网的第 j 指标指数；P_j 为第 j 指标的权重值。

生态环境承载能力指数和区域发展潜力指数均为正向指标，即生态环境承载能力指数和发展潜力指数越高，区域空间开发供给能力就越强。区域空间开发供给能力是区域生态环境承载能力和区域发展潜力能力共同作用的结果，由于两者的作用机制不一样，因此研究中运用矩阵向量模型来测算空间开发供给能力水平，具体计算公式见式（5–3）：

$$\text{SDSC}_i = \sqrt{\frac{1}{2}(\text{EESC}_i^2 + \text{DPI}_i^2)} \tag{5–3}$$

式中：SDSC_i 为第 i 研究单元的空间开发供给能力指数；EESC_i 为生态环境承载能力指数；DPI_i 为区域发展潜力指数。

（四）生态环境承载能力

以格网为研究单元，采用单因子分析方法对评价要素进行分级（分级值：1~5）。在此基础上，对评价要素的分级值进行集成运算得到每个研究单元的生态环境承载能力指数。通过ArcGIS10.6自然断裂法划分高、次高、中、次低和低五种生态环境承载能力级别，并对生态环境承载能力进行空间可视化表达，以反映研究区生态环境承载能力的空间分布格局。

生态环境承载能力水平是某个国家或地区资源及生态环境质量的最直接显示器，表示对该区域空间内的人群生存和社会经济发展的支撑力，是区域可持续发展的最为重要的体现[①]。锡林郭勒盟生态环境承载力整体空间分布格局呈"南高北低"的特征。生态环境承载能力中值区面积占比为40.135%，主要分布于研究区西部地区；生态环境承载能力低值区面积占比最低，仅为0.801%。

（五）区域发展潜力

区域发展潜力评价是个很复杂的过程。区域发展潜力评价结果是由社会经济支撑、区位及城镇集聚规模效应条件的加权叠加获得的。锡林郭勒盟区域发展潜力整体上呈现南高北低、块状集聚、往外依次递减的趋势，主要交通轴线、城镇密集地区具有较高的区域发展潜力；发展潜力高值区主要分布在二连浩特市、锡林浩特市及研究区南部旗县地区，占总面积的11.424%，发展潜力低值区仅占11.359%，分布于北部边缘地区；从区域发展潜力高、低值区所占的比重来看，极端值（高值与低值）占比不高，而次高、中值及次低值等中间值占比较大，说明区域发展潜力分布相对均匀。

从锡林郭勒盟的12个旗县市不同生态环境承载能力与区域发展潜力级别的区域面积占比（见表5–9）来看，生态环境承载能力与区域发展潜力之间存在明显差异性，说明各旗县市的承载能力和发展潜力空间匹配度较低。

---

① 李旭祥.中国北方及其毗邻地区人居环境科学考察报告[M].北京：科学出版社，2015.

表5-9　不同生态环境承载力与区域发展潜力级别的区域面积占比

单位：%

项目	低值	次低值	中值	次高值	高值
承载力	0.801	22.402	40.135	29.661	7.003
发展潜力	11.359	25.150	29.252	22.816	11.424

（六）区域空间开发适宜性综合评价

通过将区域发展潜力指数与生态环境承载能力指数进行叠加，得到每个格网空间适宜性综合水平指数，其值越大，表示空间适宜性越强，反之亦然。利用GIS空间聚类分析方法，将各格网划分成高值、次高值、中值、次低值及低值区。区域空间开发适宜性高值区主要分布在二连浩特市、锡林浩特市、西乌珠穆沁旗及锡林郭勒南部旗县的部分地区；低值区包含阿巴嘎旗北部及东乌珠穆沁旗等。区域空间开发适宜性差异是由各研究单元生态环境基底条件、区位和交通条件、社会经济发展后劲的差异导致的。为了在行政区层面上探讨区域空间开发适宜性分布特征，统计每个旗县市的适宜性水平，从表5-10可以看出，东乌珠穆沁旗的低值区面积占比最高，占全旗1/2以上，但人口和GDP的占比分别为9.139 9%和14.481 5%；阿巴嘎旗的次低值区面积占比最高（34.393 1%）。

表5-10　各旗县市不同空间开发适宜性级别区域的面积与GDP占比

单位：%

旗县市	低值区面积占比	次低值区面积占比	中值区面积占比	次高值区面积占比	高值区面积占比	常住人口占比	GDP占比
苏尼特左旗	3.464 1	32.172 7	22.979 3	35.902 0	5.481 9	3.273 4	4.644 1
太仆寺旗	6.157 4	43.158 5	39.794 8	7.725 2	3.164 2	10.927 5	4.705 3
锡林浩特市	1.534 6	2.387 9	28.495 8	46.223 0	21.358 6	23.917 9	21.558 8

续表

旗县市	低值区面积占比	次低值区面积占比	中值区面积占比	次高值区面积占比	高值区面积占比	常住人口占比	GDP占比
西乌珠穆沁旗	2.672 9	5.429 0	7.567 3	49.557 4	34.773 5	8.522 4	10.749 8
东乌珠穆沁旗	53.419 9	23.980 9	11.205 4	9.219 6	2.174 2	9.139 9	14.481 5
多伦县	3.684 1	3.936 4	27.277 3	30.835 2	34.267 0	9.814 1	7.705 5
正蓝旗	0.849 5	2.499 8	77.580 3	15.193 8	3.876 6	7.973 1	6.950 1
正镶白旗	0.561 9	3.527 4	59.325 7	34.384 3	2.200 7	5.295 8	2.887 3
阿巴嘎旗	25.714 0	34.393 1	25.602 6	13.004 3	1.286 1	4.238 6	6.319 2
二连浩特市	0.000 0	0.000 0	0.000 0	36.000 0	64.000 0	7.217 3	9.381 3
镶黄旗	0.000 0	15.960 1	37.310 6	40.341 5	6.387 9	2.767 4	4.997 1
苏尼特右旗	0.018 9	6.300 3	29.968 7	47.733 2	15.979 0	6.912 5	5.620 0

　　空间开发适宜性高值和次高值区的面积占比分别为10.416 7%和28.889%，主要分布在苏尼特右旗北部、二连浩特市、锡林浩特市、西乌珠穆沁旗及多伦县。锡林浩特市是区域城镇体系的核心，是赤—通—锡城镇群的区域中心城市，且区域发展潜力得分较高。锡林浩特市是锡林郭勒盟政府驻地，其在交通、社会经济发展及自然资源禀赋条件等方面的得分高，因为它既是连接东与西、南与北的关键交通枢纽，也是区域主要经济战略实施的桥头堡。锡林浩特市有乌兰图嘎煤矿、胜利煤田、楚古兰矿区及巴彦宝力格煤田等丰富的矿产资源。二连浩特市是我国对蒙古国开放的最大陆路口岸，是日本、东南亚及其他邻国对蒙古国、俄罗斯及欧洲各国开展出口贸易的理想通道。锡林浩特市和二连浩特市的区域空间开发适宜性指数均得益于良好的区位条件、经济发展战略地位及丰富的资源禀赋条件。西乌珠穆沁旗有优越的生态环境条件和巴音华、五间房等丰富矿产资源的支撑，但是区位条件和区域社会经济规模等方面的得分不高。低值和次低值区分别占17.096 3%和

18.746 5%，主要集中在东乌珠穆沁旗大部分地区及阿巴嘎旗北部地区，其生态环境承载能力指数和区域发展潜力指数均相对低。

三、区域空间开发与保护需求分析

（一）工业化发展阶段的判断

霍利斯·钱纳里通过研究制造业内部各产业部门的地位、作用和结构变化，揭示了制造业内部结构转变的原因。他的研究证明了产业之间存在关联效应，为研究和了解制造业内部结构变化奠定了基础。根据人均GDP，将不发达经济→成熟工业经济的整个变化过程划分为三个不同阶段和六个不同时期（见表5-11），从任何一个发展阶段向更高一个发展阶段的跃进都是通过产业结构转化实现的[①]。钱纳里工业化阶段理论为划分和判断区域经济发展阶段提供了理论依据。本研究中对锡林郭勒盟工业化发展阶段的划分也是依据钱纳里工业化阶段理论进行的。

表5-11 钱纳里工业化阶段划分标准[②]

单位：美元

收入水平			时期	阶段	
1964年	1970年	2008年			
100~200	140~280	819~1 638	1	准工业化阶段	初级产品生产阶段
200~400	280~560	1 638~3 277	2	工业化阶段	工业化初期
400~800	560~1 120	3 277~6 553	3		工业化中期
800~1 500	1 120~2 100	6 553~12 287	4		工业化成熟期

---

① HOLLIS B SYRQUIN. Industrialization and Growth: A Comparative Study[M]. New York: Oxford University Press, 1986.

② H. 钱纳里，等. 工业化和经济增长的比较研究[M]. 上海：上海三联书店，1989.

续表

收入水平			时期	阶段	
1964年	1970年	2008年			
1 500~2 400	2 100~3 360	12 287~19 660	5	后工业化阶段	发达经济初级阶段
2 400~3 600	3 360~5 040	19 660~29 490	6		发达经济高级阶段

经过改革开放四十多年的快速发展，锡林郭勒盟地区生产总值连续上升，由1978年的2.157 9亿元增长至2015年的1 002.6亿元，增长了约464.62倍，年均增长率为18.05%。户籍总人口由1978年的74.55万人增长至2015年的104.26万人，增长了近40%，年均增长率为0.911%。

工业化与经济之间的关系非常密切。史上很多著名学者通过研究证明了工业化与经济发展之间的关系，例如：西蒙·史密斯·库茨涅茨提出了库茨涅茨曲线，验证了收入状况与经济发展之间呈"倒U形"变化，认为经济发展过程就是区域工业化发展过程；霍夫曼提出霍夫曼系数和霍夫曼定律，验证工业化以及工业化内部结构变化。从以上研究结果看出，通常用工业化阶段的判断来推断区域经济发展阶段。下面基于钱纳里工业化阶段理论，从人均GDP、产业结构、城镇化率及就业结构等方面的指标来判断锡林郭勒盟工业化的发展阶段。

见表5-12，锡林郭勒2015年人均GDP为96 292元，按照当年的汇率计算结果为15 345.83美元，按照2008年美元标准，人均GDP为13 864.74美元，处于钱纳里工业化阶段的第五阶段，即发达经济初级阶段；2012年人均GDP为79 094元，按照当年美元汇率计算结果为12 529.74美元，按照2008年美元标准，人均GDP为11 388.46美元，小于12 287美元，处于钱纳里工业化阶段的工业化成熟期；2008年人均GDP为38 379元，按照2008年的美元标准，人均GDP为5 526.05美元，处于钱纳里工业化阶段的工业化中期。

表5-12 1978—2015年人均GDP及2008年美元标准对应值

单位：美元

年份	当年人均GDP	2008年美元标准对应值	年份	当年人均GDP	2008年美元标准对应值
1978	169.19	41.90	1997	638.50	762.12
1979	252.26	56.30	1998	734.26	875.29
1980	237.58	50.97	1999	816.23	972.92
1981	218.93	56.01	2000	897.88	1 070.25
1982	243.65	67.53	2001	951.91	1 134.47
1983	252.39	71.13	2002	1 035.52	1 234.11
1984	291.70	92.58	2003	1 240.30	1 478.16
1985	258.12	109.14	2004	1 587.45	1 891.84
1986	203.02	100.93	2005	2 086.62	2 461.16
1987	218.16	116.92	2006	2 681.95	3 078.43
1988	352.49	188.91	2007	3 780.38	4 139.03
1989	360.68	195.53	2008	5 526.05	5 526.05
1990	337.85	232.68	2009	6 882.89	6 769.81
1991	338.89	259.75	2010	8 430.46	8 217.30
1992	393.86	312.74	2011	10 451.79	9 719.95
1993	517.88	429.66	2012	12 529.74	11 388.46
1994	431.27	535.20	2013	14 013.76	12 496.58
1995	521.37	626.92	2014	14 785.26	13 026.59
1996	595.37	712.73	2015	15 345.83	13 864.74

资料来源：锡林郭勒盟人均GDP数据来源于锡林郭勒盟统计年鉴，按照当年和标准对应的数据为作者计算获得。

表5-13是1978—2015年锡林郭勒盟第一产业、第二产业和第三产业产值比重。1978年第一、第二、第三产业产值比重分别是49.93%、23.46%和

26.61%，处于初级产品生产阶段；1997年第一产业、第二产业和第三产业产值比重分别是38.12%、35.96%、25.93%，处于工业化初期；2015年第一产业、第二产业和第三产业产值比重分别是10.50%、61.20%、28.30%，按照钱纳里的实证研究结果，锡林郭勒盟处于工业化中期。

表5-13 1978—2015年锡林郭勒盟第一、二、三产业产值比重

单位：%

年份	第一产业产值比重	第二产业产值比重	第三产业产值比重	年份	第一产业产值比重	第二产业产值比重	第三产业产值比重
1978	49.93	23.46	26.61	1997	38.12	35.96	25.93
1979	53.77	19.60	26.63	1998	39.01	33.59	27.39
1980	44.56	22.67	32.77	1999	37.75	33.95	28.30
1981	50.36	19.36	30.28	2000	34.90	34.53	30.57
1982	57.41	16.51	26.08	2001	30.47	36.57	32.97
1983	50.64	18.83	30.53	2002	29.42	37.68	32.89
1984	58.13	15.95	25.92	2003	29.77	37.13	33.10
1985	55.48	17.49	27.03	2004	25.83	40.93	33.24
1986	49.07	17.29	33.63	2005	19.56	48.46	31.97
1987	49.66	18.76	31.57	2006	16.35	53.56	30.09
1988	61.41	14.96	23.63	2007	14.02	58.46	27.52
1989	48.26	28.66	23.08	2008	11.95	63.55	24.49
1990	48.18	31.71	20.12	2009	10.75	65.23	24.02
1991	45.09	32.88	22.03	2010	10.08	67.46	22.46
1992	43.68	33.53	22.78	2011	10.32	66.46	23.22
1993	37.52	40.01	22.46	2012	9.95	67.03	23.03
1994	41.87	35.10	23.03	2013	10.14	63.72	26.14

续表

年份	第一产业产值比重	第二产业产值比重	第三产业产值比重	年份	第一产业产值比重	第二产业产值比重	第三产业产值比重
1995	42.65	33.76	23.59	2014	10.47	62.68	26.85
1996	41.01	34.97	24.02	2015	10.50	61.20	28.30

（二）煤炭资源需求量的判断

Logistic 曲线是比利时数学家P. F. Vethulst最早发现的一种特殊曲线，R. Pearl和L. J. Reed等用Logistic 曲线来研究人口增长规律，所以Logistic 曲线又被称为生长曲线或Pearl-Reed曲线。此曲线在满足生长曲线规律的现象中使用较为广泛，饱和增长趋势变化时间序列常用Logistic 曲线。在其生产阶段，总量较小，因为条件不成熟，导致增长相对慢；到成长阶段，总量逐渐增大，发展条件逐步成熟，增长速度加快；到成熟阶段，总量达到顶峰，增长趋于缓慢；进入衰退阶段，由于生长条件的变化，导致增长动力不充足，总量逐渐减少。其计算公式见式（5-4）：

$$y_t = \frac{k}{1+ae^{-bt}} \tag{5-4}$$

式中：k、a和b分别是参数，其中参数k被称为极限参数，在本研究中表示的是煤炭资源的峰值，即y_t处于饱和状态时的值。该曲线以（$\frac{\ln a}{2}$，$\frac{k}{2}$）为拐点对称，曲线经过此点由下凹变为上凸，说明在拐点前曲线增长率逐渐变大，拐点后增长率逐渐变小，最终达到饱和状态。

当$t \to -\infty$时，$y_t \to 0$；

当$t \to \infty$时，$y_t \to k$。

因此，Logistic 曲线有上、下两条渐近线$y=k$和$y=0$，表示"发展缓慢的初始阶段→急剧增长阶段→平稳发展阶段→饱和状态"的发展过程（见图5-6）。从图5-6中可以发现，曲线在生产阶段的斜率较小，整体上呈缓慢上升趋势；在成长期曲线继续上升，但是上升增长的速度明显加快；到成熟时，曲线仍在保持上升态势，但曲线上升的速度降了下来，逐步达到顶峰；生长进入衰退时期，曲线从顶峰逐渐下降，直到消失，这个时候才能完成一个完整的生长生命周期。这种变化状态基本上符合矿产资源开发区域的经济发展特征，为此本研究利用Logistic 曲线来预测研究区未来工业化阶段中需要的煤炭资源量。

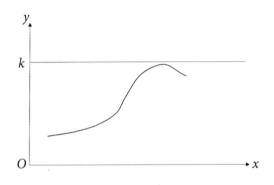

图5-6　生长曲线

在工业化初期，农牧业在区域经济中的比重最高，轻工业在工业中扮演主导角色；到工业化中期，作为第二产业的工业在经济中的比重最高，其中重工业成为工业经济的主体部分；到工业化后期，重工业的比重逐渐减少，资源的需求量仍然很大，但是需求量的增长速度会逐渐降低；到工业化完成阶段时，服务行业在经济中的比重最高，工业逐渐萎缩。从发达国家工业发展经验可以看出，煤炭工业经历了生产、发展、成熟及衰退四个不同阶段，符合S形生长规律（见图5-7）。

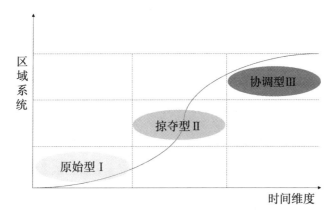

图5-7 资源富集区资源环境系统发展演化图

对于资源富集型地区，其区域经济、人口、能源及经济发展演化轨迹可以运用S形生长曲线来描述和预测。资源富集型地区在区域资源大范围开发之前，区域经济、人口、能源等系统未受到人类大范围开发活动的影响，其生态环境效益值较高，但因资源开发所带来的经济和社会方面的效益为零。区域矿产资源开发利用的初期，区域资源开发模式属于粗放式，给区域生态环境造成破坏和污染。随着区域系统中的生态环境问题凸显，区域资源环境效应逐渐减少，但社会经济效益趋于增长；到资源开发的后期阶段，随着资源开发规模的不断扩大，人类开始关注资源的理性开发，并注重发展接替产业，重视区域生态环境的治理与恢复，从而提升生态环境效益，社会经济效益与生态环境效益趋于相对稳定，区域社会、经济、资源和生态系统进入良性循环协调发展阶段。区域受到短期近利开发思想的影响，Ⅱ阶段是系统最为不稳定的一个阶段，区域中频繁出现生态环境问题。不同区域处在不同的发展阶段，资源开发利用过程中的Ⅱ阶段的延续时间长度不一样，但从三个不同阶段的持续时间来看，II阶段的持续时间最短[①]。

从表5-14和图5-8可以看出，我国的GDP和能源消费总量呈逐年增长趋势，煤炭消费量占能源消费总量的比重维持在60%以上，表明煤炭是我国能源消费的主体，将来一段时间内，煤炭在重工业发展进程和经济发展中仍占据重要地位。

表5-14　1990—2019年我国的GDP与煤炭消费量及其占能源消费总量的比重

年份	GDP/亿元	能源消费总量/万吨标准煤	煤炭占能源消费总量的比重/%	年份	GDP/亿元	能源消费总量/万吨标准煤	煤炭占能源消费总量的比重/%
1990	18 923.3	98 703	76.2	2005	185 998.9	261 369	72.4
1991	22 050.3	103 783	76.1	2006	219 028.5	286 467	72.4
1992	27 208.2	109 170	75.7	2007	27 0844	311 442	72.5
1993	35 599.2	115 993	74.7	2008	321 229.5	320 611	71.5
1994	48 548.2	122 737	75.0	2009	347 934.9	336 126	71.6
1995	60 356.6	131 176	74.6	2010	410 354.1	360 648	69.2
1996	70 779.6	135 192	73.5	2011	483 392.8	387 043	70.2
1997	78 802.9	135 909	71.4	2012	537 329	402 138	68.5
1998	83 817.6	136 184	70.9	2013	588 141.2	416 913	67.4
1999	89 366.5	140 569	70.9	2014	644 380.2	428 334	65.8
2000	99 066.1	146 964	68.5	2015	685 571.2	434 113	63.8
2001	109 276.2	155 547	68.0	2016	742 694.1	441 492	62.2
2002	120 480.4	169 577	68.5	2017	830 945.7	455 827	60.6
2003	136 576.3	197 083	70.2	2018	915 243.5	471 925	59.0
2004	161 415.4	230 281	70.2	2019	983 751.2	487 488	57.7

资料来源：根据《中国统计年鉴2019》计算整理。

[①] 刘通，王青云. 我国西部资源富集地区资源开发面临的三大问题——以陕西省榆林市为例[J]. 经济研究参考，2007（8）：49-50.

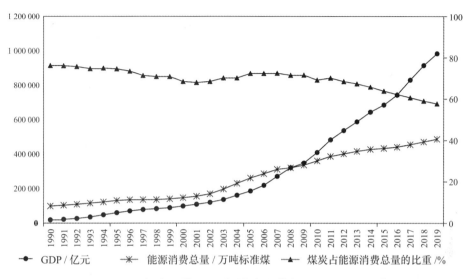

图5-8　1990—2019年我国的GDP与煤炭消费量及其占能源消费总量的比重

　　从表5-15和图5-9中可以看出，内蒙古自治区的情况和国家整体的情况相似，内蒙古自治区的GDP与能源消费总量之间存在线性同步上升趋势，而煤炭占能源消费总量的比重很高，尤其是1993年后达到90%以上，说明内蒙古自治区有丰富的煤炭资源，随着西部大开发战略的实施，内蒙古自治区的工业化发展速度很快，而且煤炭资源在工业化发展中起着非常重要的作用。

表5-15　1990—2019年内蒙古自治区的GDP与煤炭消费量

及其占能源消费总量的比重

年份	GDP/亿元	能源消费 总量/万吨 标准煤	煤炭占 能源消费 总量的 比重/%	年份	GDP/亿元	能源消费 总量/万吨 标准煤	煤炭占 能源消费 总量的 比重/%
1990	0.031 931	0.242 351	52.8	2005	0.352 37	1.078 837	92.3
1991	0.035 966	0.250 519	53.3	2006	0.416 175	1.283 527	89.9
1992	0.042 168	0.255 499	50.5	2007	0.516 693	1.470 332	88.8
1993	0.053 78 0 69	0.267 611	93.0	2008	0.624 241	1.640 763	88.1

续表

年份	GDP/亿元	能源消费总量/万吨标准煤	煤炭占能源消费总量的比重/%	年份	GDP/亿元	能源消费总量/万吨标准煤	煤炭占能源消费总量的比重/%
1994	0.069 505 75	0.281 219	94.6	2009	0.710 422	1.747 368	86.4
1995	0.085 706 43	0.326 844	82.4	2010	0.819 986	1.888 266	86.6
1996	0.102 309	0.314 436	93.9	2011	0.945 812	2.114 852	87.1
1997	0.115 350 7	0.370 895	93.2	2012	1.047 014	2.21 033	87.6
1998	0.126 253 6	0.344 006	95.4	2013	1.139 242	1.768 137	81.4
1999	0.137 931 2	0.363 488	95.0	2014	1.215 822	1.830 906	81.7
2000	0.153 911 8	0.393 754	93.1	2015	1.294 899	1.892 707	82.9
2001	0.171 381 4	0.445 348	93.3	2016	1.378 926	1.930 966	82.4
2002	0.194 093 7	0.519 012	93.5	2017	1.489 805	1.976 344	79.9
2003	0.238 838 1	0.661 277	95.6	2018	1.614 076	2.306 847	—
2004	0.294 235	0.860 181	96.7	2019	1.721 253	2.534 557	—

资料来源：根据《内蒙古统计年鉴2019》计算整理。

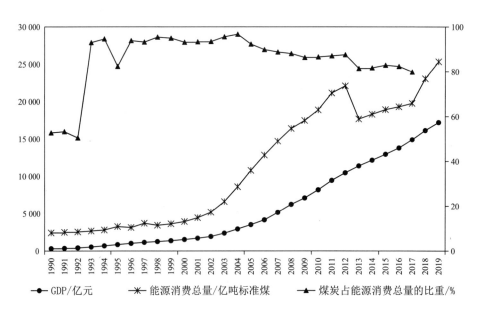

图5-9　1990—2019年内蒙古自治区地区生产总值与煤炭消费量
及其占能源消费总量的比重

从以上我国和内蒙古自治区的GDP和能源消费总量变化中可以发现，能源消费量与GDP增长曲线基本吻合，两者之间成正相关。21世纪以来，我国的市场经济体制有利于经济发展，国家也积极采取一系列财政及货币政策，拉动内需。以上政策或战略对于国家层面和内蒙古自治区层面的经济发展速度及工业化速度起到促进作用。从长期发展趋势来看，GDP与煤炭消费之间存在正相关关系，可以运用对数线性模型进行计算，其基本表达式见式（5–5）[①]：

$$\ln CC_i = \alpha + \beta \ln GDP_i + \delta_i \qquad (5\text{–}5)$$

式中：$\ln CC_i$为取对数后的我国第i年煤炭消费量；$\ln GDP_i$为取对数后的我国第i年实际GDP；δ_i为随机误差项；α为该模型的截距项；β为弹性系数，其计算公式见式（5–6）：

$$\beta = \frac{\sum(\ln GDP_i - \overline{\ln GDP})(\ln CC_i - \overline{\ln CC})}{\sum(\ln GDP_i - \overline{\ln GDP})^2} \qquad (5\text{–}6)$$

式中：$\overline{\ln GDP}$是$\ln GDP_i$的均值，$\overline{\ln CC}$为$\ln CC_i$的均值。此公式用来计算煤炭消费量对GDP的弹性，即GDP的百分比变化引起煤炭消费百分比的变化。

从GDP与煤炭消费量的散点图（见图5–10）中可以看出，取对数处理后锡林郭勒盟的GDP与煤炭消费量之间呈现线性相关关系，与上面所研究的结果相一致。对锡林郭勒盟的GDP和煤炭消费总量取对数处理做回归分析，方程表达式见式（5–7）：

$$\ln CC_i = 0.667\,7\ln GDP + 3.403\,6 \ (R^2 = 0.971\,7) \qquad (5\text{–}7)$$

从表达式中可看出两者的相关系数为0.971 7，接近1，说明锡林郭勒盟的GDP与煤炭消费量之间存在较高的相关关系；弹性系数为0.667 7，表示锡林郭勒盟的GDP每增长1%，煤炭消费量增长0.667 7%。

[①]　曲剑午. 中国煤炭市场发展报告（2011）[M]. 北京：社会科学出版社，2012.

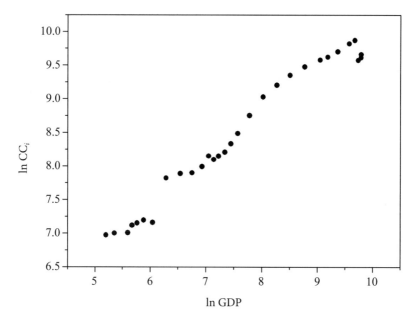

图5-10　GDP与煤炭消费量的散点图（取对数处理）

从上面的一系列研究可以得出，锡林郭勒盟目前处于工业化初期阶段，即掠夺阶段。区域资源开发—生态环境响应—社会经济发展三者之间存在相互制约、相互影响的互动关系。在资源掠夺式开采阶段里，区域PERD系统进入恶性循环的怪圈，导致生态环境质量继续下降，区域社会经济发展陷入困境。通过外部调控来改变系统的发展轨迹，若系统接受外部调控，三者之间能够实现良性互动关系，若不接受外部调控，则三者之间的逆动导致区域资源—经济—生态系统的发展陷入困境，重现"资源诅咒"。

（三）PRED系统协调发展

区域PRED系统的协调发展是区域可持续发展战略中最为核心的问题，即可持续发展的总目标就是实现区域PRED系统的公平、发展及生态环境系统的可持续性。PRED问题是当今世界关注的热点问题之一，同时也是人地关系失

调、人地关系内部过程失控的具体反映①。资源富集生态环境敏感复合型区域
经济的发展目标就是处理好区域人口、资源、生态环境及经济发展之间的关
系，实现区域人口的适当控制、自然资源的可持续利用，保护生态环境和社
会经济的协调持续发展。其中人口是实现区域协调健康发展的核心和主体，
人口规模、数量、结构、空间迁移及空间分布等均在不同程度上影响区域经
济发展状态。自然资源的供给条件是区域可持续发展的基础，自然资源的开
发利用程度直接关系到区域发展水平和持续能力的高低。区域生态环境是实
现区域协调发展的关键所在，资源型地区经济转型的显著性指标之一就是生
态环境，矿产资源开发利用区域的生态环境系统是一个受区域人类活动强烈
影响的系统。区域人类活动强度等级直接影响着区域生态环境，矿产资源开
发强度和规模超出区域生态环境的支撑能力限值，使矿产资源开发区域的生
态环境趋于复杂化和多样化。

可持续发展思想的提出反映了人类思想转变的过程。在人类追求经济高
速发展的时代，人类对自然环境的干预强度越来越大，导致地球上出现各种
生态环境问题，如土地荒漠化、沙漠化、温室效应、臭氧层破坏等。以上生
态环境问题严重威胁到人类的生存，由此人类开始注重生态环境问题。可持
续发展目标之一是公平，包括横向和纵向的公平。人们逐渐发现不同地区或
国家的社会经济发展状态和生态环境承载能力等方面存在差异性，如何实现
区域社会经济发展与生态环境之间协调发展？解决这一问题首先要对区域可
持续发展进行评价研究。不同国家或地区根据区情，通过协调人口、资源、
环境和发展系统，才能实现区域的可持续发展。所谓的可持续发展就是区域

---

① 毛汉英. 人地关系与区域可持续发展研究[M]. 北京：中国科学技术出版社，1995.

PRED系统发展，社会福利稳定增长和公平分配的发展[①]。

区域PRED系统是一个复杂的巨大系统，并具有整体性、区域性和层次性等特点。许多研究者分别从不同视角探讨PRED系统的评价指标体系，但由于可持续发展问题本身的复杂性与其跨学科性，目前尚未有公认的评价指标体系及评价方法。国际上比较典型的研究成果主要有：联合国可持续发展委员会在1996年提出的"驱动力—状态—响应（DSR）"指标体系，最初提出了134个指标，在1996—1998年世界22个国家对该指标体系进行了初步验证和应用，并确定了核心内容的58个指标体系，在国际上获得广泛的应用和采纳[②]；1990年，联合国开发部署出版了《人类发展报告》，提出了"人文发展指数"，并应用该指数来测算世界各国的人类发展状况；2000年，欧盟国家提出了包含环境、社会经济发展等6个方面的42个指标体系；欧洲统计局提出了涵盖经济指标、环境指标和社会指标等6个方面的63个可持续发展评价指标体系；1996年，PCSD（美国总统可持续发展理事会）构建了可持续发展指标体系[③]；除此之外，还有可持续经济福利指数、生态足迹指数、世界银行的"国家财富""真实储蓄"等[④]。

我国是一个发展中国家，也是一个坚定地走可持续发展道路的国家。随着可持续发展思想的不断渗透和区域PRED系统的研究不断深化，我国学者在可持续发展的研究中发挥着非常重要的角色，并取得了丰富的研究成果，其

---

① 邓明艳. 可持续发展与区域PRED系统[J]. 陕西师范大学学报（自然科学版），1998（1）：101–104.

② Indicators of Sustainable Development Framework &Methodologies[R]. New York: Development, UN Commission on Sustainable, 1996.

③ 曹凤中. 美国的可持续发展指标[J]. 环境科学动态，1997（2）：5–8.

④ 王海燕. 论世界银行衡量可持续发展的最新指标体系[J]. 中国人口·资源与环境，1996（1）：43–48.

中比较典型的是国家科技部组织并构建的中国可持续发展指标体系和中国科学院制定的可持续发展评价指标体系[①]。除此之外，有些学者对典型地区进行了可持续发展评价研究，如崔灵周等建立陕北黄土高原可持续发展评价指标体系和方法，集成可持续发展全面综合评价模型，并依次对该地区可持续发展现状及趋势进行了全面分析评价[②]；沈镭等采用博塞尔·哈特缪特的"标识星"方法确定和定量评价了青藏高原重点区域可持续发展指标体系[③]；甄江红根据内蒙古的区情，建立区域可持续发展的评价指标体系和数学模型，对内蒙古区域可持续发展能力进行综合评价与动态研究[④]；赵多等建立了浙江省生态环境可持续发展评价指标体系[⑤]；张学文等对黑龙江省进行区域可持续发展评价研究[⑥]；乔家君等利用改进的层次分析法评估了河南省的可持续发展能力[⑦]。锡林郭勒盟属于典型的生态环境脆弱资源富集复合型区域，结合区域实际情况以及国内外相关研究[⑧⑨]，建立了生态敏感区（域）可持续发展评价指

① 中国可持续发展战略报告[R]. 北京：中国科学院可持续发展研究组，2001.

② 崔灵周，李占斌，曹明明，等. 陕北黄土高原可持续发展评价研究[J]. 地理科学进展，2001（1）：29–35.

③ 沈镭，成升魁. 青藏高原区域可持续发展指标体系研究初探[J]. 资源科学，2000（4）：30–37.

④ 甄江红. 内蒙古区域可持续发展评价研究[J]. 内蒙古师范大学学报（自然科学汉文版），2006（2）：238–242.

⑤ 赵多，卢剑波，闵怀. 浙江省生态环境可持续发展评价指标体系的建立[J]. 环境污染与防治，2003（6）：380–382.

⑥ 张学文，叶元煦. 黑龙江省区域可持续发展评价研究[J]. 中国软科学，2002（5）：84–88.

⑦ 乔家君，李小建. 河南省可持续发展指标体系构建及应用实例[J]. 河南大学学报（自然科学版），2005（3）：44–48.

⑧ 王好芳，董增川，左仲川. 区域复合系统可持续发展指标体系及其评价方法[J]. 河海大学学报（自然科学版），2003（2）：212–215.

⑨ 张科静，黄朝阳. 资源富集型县域经济可持续发展评价分析——以准格尔旗为例[J]. 农村经济与科技，2017（1）：176–178.

标体系。

1. 可持续发展评价指标选取及评价方法

按照"确定研究区—确定基本准则—筛选指标—确定评价指标的权重值—建立定量评价的模型—定量分析与讨论"的评价步骤，对生态敏感区（域）——锡林郭勒盟的可持续发展进行综合评价研究。可持续发展评价中，评价指标体系的构建是最关键的部分。本研究在选取评价指标时，依据研究区的社会经济发展及生态环境现状，参考相关文献成果，并遵循选择指标的系统性原则、层次性原则、科学性原则、动态性原则、因地制宜的区域性原则和简明性及可操作性原则，建立了生态敏感区（域）可持续发展指标体系。选择评价指标时一般要遵循以下两个基本原则：

（1）确定总目标。在确定研究区可持续发展评价指标体系总体目标时，要考虑国家和内蒙古自治区、资源型地区的可持续发展评价指标体系的特点，还要考虑锡林郭勒盟的特殊性。研究的总体目标设定为生态敏感区（域）的区域可持续发展水平和协调发展程度。

（2）准则层的构建，包括经济可持续发展、社会可持续发展及资源可持续发展三大系统。

根据以上选择指标的原则，从研究区的基本区情出发，共选了3个层次的32个指标作为生态敏感区（域）可持续发展评价指标体系（见表5-16）。指标数据主要来源于内蒙古统计年鉴、锡林郭勒盟统计年鉴及内蒙古社会经济调查数据。

2. 权重确定和评价模型构建

层次分析法是由美国运筹学专家T. L. Saaty在20世纪70年代初期提出来的一种简便、灵活而又实用的多准则决策方法，被广泛应用在城市规划、可持续

表5-16　可持续发展评价指标体系

目标层	准则层	指标层	单位
锡林郭勒盟可持续发展评价指标体系（A）	资源环境可持续发展（B1）	人均煤炭资源保有储量（C1）	吨
		能源生产总量（C2）	万吨标准煤
		能源消费总量（C3）	万吨标准煤
		单位地区生产总值能耗（C4）	吨标准煤/万元
		工业废气排放量（C5）	亿标立方米
		森林覆盖率（C6）	%
		当年造林面积（C7）	千公顷
		工业固体废弃物综合利用率（C8）	%
		工业废水排放量（C9）	万吨
		环境污染治理投资占地区生产总值比重（C10）	%
	经济可持续发展（B2）	地区生产总值（C11）	亿元
		地区生产总值增长速度（C12）	%
		人均地区生产总值（C13）	元
		人均地方财政收入（C14）	元
		一产占地区生产总值比重（C15）	%
		二产占地区生产总值比重（C16）	%
		三产占地区生产总值比重（C17）	%
		工业总产值增长率（C18）	%
		人均社会消费品零售总额（C19）	元
		固定资产投资发展速度（C20）	%
		重工业比重（C21）	%

目标层	准则层	指标层	单位
		城镇登记失业率（$C22$）	%
		城乡收入差距（$C23$）	%
		人口自然增长率（$C24$）	%
		人口老龄化（$C25$）	%
	社会可持续发展（$B3$）	教育经费投资占地区生产总值比重（$C26$）	%
		人口密度（$C27$）	人/平方千米
		居民消费水平（$C28$）	元
		大专以上人口比重（$C29$）	%
		万人专业技术人员数（$C30$）	人
		农牧民人均纯收入（$C31$）	元
		每百人拥有电话数（$C32$）	部

发展、能源及经济管控等相关研究领域中。层次分析法是将复杂的问题分解为多个组成因素并形成一个多层次的模型，通过两两比较的方式确定层次中诸因素的相对重要性，然后综合评价主体的判断以确定因素的相对重要性排序。

（1）构建递阶层次结构模型（见图5-11）。层次包含目标层、准则层和指标层三种类型，其中目标层是对问题最终目的总结；准则层是对目标对应的评价标准；指标层是对准则层各要素的具体细化指标。

（2）构造判断矩阵。按照层次结构模型，从上到下逐层构造判断矩阵（见表5-17）。在实际操作中，通常向研究领域的专家反复询问来对各判断矩阵赋值。

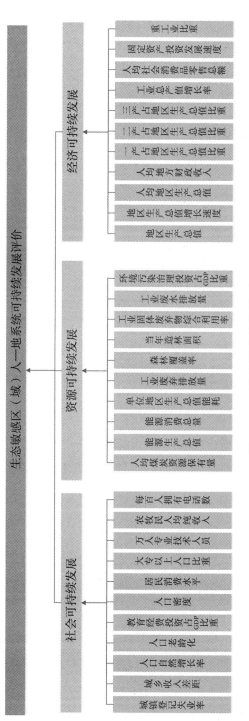

图5-11 递阶层次结构模型

表 5-17　判断矩阵

Hi	A1	A2	A3	A4	…	An
A1	P11	P12	P13	P14	…	P1n
A2	P21	P21	P21	P21	…	P2n
A3	P31	P31	P31	P31	…	P3n
A4	P41	P41	P41	P41	…	P4n
…	…	…	…	…	…	…
An	Pn1	Pn2	Pn3	Pn4	…	Pnn

（3）层次单排序及一致性检验。求解判断矩阵最大特征值和对应的特征向量，经过归一化处理，即得到层次单排序权重向量。由于判断矩阵的结果具有一定的客观性，因此需要进行一致性检验分析，对于检验不合格的要进行修正，直到符合满意的一致性标准。

（4）层次总排序。从上到下逐层计算出指标层相对总目标的合成权重值，最后得出各因素对总体目标影响值的排序结果。数值介于0和1之间，且数值越大，指标重要性越高，反之越低。本研究运用yaahp软件计算各个评价指标的权重值，并根据权重值测算一致性指标。不同层次的一致性检验值表明，构建的可持续发展评价层次结构模型均通过一致性检验。表5-18~表5-21表示不同层次判断矩阵。

表 5-18　第一层的判断矩阵及层次排序

第一层	社会可持续发展	资源可持续发展	经济可持续发展	权重值
社会可持续发展	1	2	2	0.490 5
资源可持续发展	1/2	1	1/2	0.197 5
经济可持续发展	1/2	2	1	0.312 0
验证：一致（0.051 7）				

表5-19　资源可持续发展的判断矩阵

第二层	C1	C2	C3	C4	C5	C6	C7	C8	C9	C10	权重值
C1	1	1/3	1/2	1/3	1/2	1/2	1/2	1/2	1/2	1/2	0.008 8
C2	3	1	3	1/3	1/2	1/2	1/2	1/2	1/2	1/2	0.014 1
C3	2	1/3	1	1/3	1/3	1/2	1/2	1/2	3	1/2	0.012 0
C4	3	3	3	1	1/2	3	1/2	1/2	3	1/2	0.023 9
C5	2	2	3	2	1	2	1/2	2	3	1/2	0.026 0
C6	2	2	2	1/3	1/2	1	1/2	3	3	1/2	0.020 9
C7	2	2	2	2	2	2	1	1/2	3	1/2	0.025 8
C8	2	2	2	2	1/2	1/3	2	1	4	1/2	0.023 6
C9	2	2	1/3	1/3	1/3	1/3	1/3	1/4	1	1/2	0.010 5
C10	2	2	2	2	2	2	2	2	2	1	0.031 9
验证：一致（0.098 3）											

表5-20　经济可持续发展的判断矩阵

第二层	C11	C12	C13	C14	C15	C16	C17	C18	C19	C20	C21	权重值
C11	1	1/2	1/2	1/2	1/2	2	1/3	2	1/3	1/2	2	0.018 9
C12	2	1	3	3	2	2	1/2	3	1/2	1/2	2	0.035 5
C13	2	1/3	1	1/2	1/2	3	1/3	1/2	1/2	1/2	2	0.020 3
C14	2	1/3	2	1	1/2	1/3	1/3	2	1/2	1/2	1/2	0.019 2
C15	2	1/2	2	2	1	1/2	1/2	2	1/2	1/2	3	0.024 0
C16	1/2	1/2	1/3	3	2	1	1/3	1/2	1/2	1/2	1	0.019 7
C17	3	2	3	3	2	3	1	3	3	3	3	0.061 4
C18	1/2	1/3	2	1/2	2	2	1/3	1	1/2	1/2	3	0.023 0
C19	3	2	2	2	2	2	1/3	2	1	2	2	0.040 2
C20	2	2	2	2	2	2	1/3	2	1/2	1	3	0.035 3
C21	1/2	1/2	1/2	2	1/3	1/3	11/3	1/3	1/2	1/3	1	0.014 5
验证：一致（0.089 9）												

表5-21 社会可持续发展的判断矩阵

第二层	C22	C23	C24	C25	C26	C27	C28	C29	C30	C31	C32	权重值
C22	1	1/2	3	1/3	1/2	2	1/2	3	2	2	2	0.048 7
C23	2	1	2	2	2	3	1/2	2	2	2	2	0.066 1
C24	1/3	1/2	1	1/3	2	2	1/2	1/2	1/2	2	2	0.038 0
C25	3	1/2	3	1	2	1/2	1/2	3	2	1/2	2	0.055 7
C26	2	1/2	1/2	1/2	1	2	2	2	2	2	3	0.057 2
C27	1/2	1/3	1/2	2	1/2	1	2	2	2	2	2	0.040 3
C28	2	2	2	1/2	1/2	2	1	2	3	2	4	0.071 8
C29	1/3	1/2	2	1/2	1/2	1/2	1/2	1	2	1/2	3	0.031 6
C30	1/2	1/2	2	1/2	1/2	1/2	1/3	1/2	1	1/2	2	0.026 4
C31	1/2	1/2	1/2	2	1/2	1/2	1/2	2	2	1	2	0.036 8
C32	1/2	1/2	1/2	1/2	1/3	1/2	1/4	1/3	1/2	1/2	1	0.017 9
验证：一致（0.100 0）												

由于区域可持续发展评价模型中的指标所承载的信息类型不同，因此在社会、经济和资源可持续发展系统中发挥的作用也不同。在计算综合评价结果时需要用加权求和的方法，加权综合评价法综合考虑各评价指标对评价对象的不同影响程度，并对各指标的优劣程度进行综合，采用一个数值化的指标加以综合取值来表示评价对象的优劣程度。

各指数的单元评价得分等于各因子指标标准化值的加权之和。各个指标的计算公式见式（5-8）~式（5-10）：

$$RSDI = \sum_{i=1}^{n} X_{Ri} \times W_{Ri} \ (n = 1, 2, 3, ..., 10) \tag{5-8}$$

$$ESDI = \sum_{i=1}^{n} X_{Ei} \times W_{Ei} \ (n = 1, 2, 3, ..., 11) \tag{5-9}$$

$$SSDI = \sum_{i=1}^{n} X_{si} \times W_{si} \ (n = 1, 2, 3, ..., 11) \tag{5-10}$$

式中：RSDI、ESDI和SSDI分别为资源可持续发展指数、经济可持续发展指数和社会可持续发展指数；X_{Ri}、X_{Ei}、X_{Si}分别为不同指数各指标的标准化值，其值介于0和1之间；W_{Ri}、W_{Ei}、W_{Si}分别为各指标的权重；n为评价指标个数。

区域可持续发展是资源、经济和社会可持续发展共同作用的结果。利用综合加权评价法，构建区域可持续发展评价模型。因每个指标进行过标准化处理，模型可直接表达为式（5–1）：

$$SDI = RSDI \times W_R + ESDI \times W_E + SSDI \times W_S \qquad （5–11）$$

式中：SDI为可持续发展综合指数；W_R、W_E和W_S分别为各指数的权重。SDI表示的是区域可持续发展综合水平，根据相关研究成果[1][2][3]，将SDI值分为几个不同等级，见表5–22。

表5–22　可持续发展能力分级标准

等级	可持续发展综合指数	可持续发展类型
1	0.8~1	可持续发展性很好
2	0.6~0.8	可持续发展性较好
3	0.4~0.6	可持续发展性中等
4	0.2~0.4	可持续发展性较差
5	0~0.2	可持续发展性很差

3. 区域PRED系统可持续发展评价

利用综合加权评价法和各个指标权重，分别对锡林郭勒盟区域资源可持续发展、经济可持续发展和社会可持续发展进行评价及等级划分，最后得出

---

① 吴琼，王如松，李宏卿，等. 生态城市指标体系与评价方法[J]. 生态学报，2005（8）：2090–2095.

② 汪时辉. 河北省区域经济可持续发展指标体系与评价研究[D]. 保定：华北电力大学，2005.

③ 刘锴，杜文霞，刘桂春，等. 大连市可持续发展水平测度[J]. 城市问题，2015（4）：45–51.

研究区资源、社会及经济可持续发展区划图。

自然、社会和经济系统是三个性质大不相同的独立系统，每个系统都有自己的功能、结构及形成发展规律，但是它们的形成和存在会受到其他系统功能和结构的影响。因此，不能把三个系统割断开来，必须把三个系统视为统一整体来研究。经济、自然和社会三个系统相互依赖、相互限制，通过人这一"耦合器"耦合成为复合生态系统[1][2]。对于区域可持续发展的各准则层因子而言，区域资源环境系统、经济系统发展及社会系统进步在区域可持续发展中发挥着重要的作用，其中社会系统进步的权重值（0.490 5）最高，说明社会系统进步在区域发展中占重要位置，此基础上合理开发区域资源环境，从而带动区经济社会的健康快速发展。锡林郭勒盟属于典型的生态环境敏感脆弱、矿产资源富集的区域，必须合理利用资源条件，同时要注重改善生态环境，最终实现区域社会系统的可持续发展。社会系统可持续发展的核心是人类自身发展，主要包含人的综合质量、人的素质及改善人居环境等方面。

根据公式，分别计算锡林郭勒盟12个旗县市的RSDI、ESDI和SSDI值。从图5-12中可以看出，12个旗县市的SSDI值均高于其他两个指数的值。SSDI的平均值为0.244 7，最大值为0.334 7（阿巴嘎旗），最小值为0.150 0（多伦县）；ESDI的平均值为0.124 8，最大值为0.197 9（二连浩特市），最小值为0.097 5（正镶白旗）；RSDI的平均值为0.084 8，最大值为0.105 5（锡林浩特市），最小值为0.055 2（正蓝旗）（见表5-23）。

---

① 赵景柱. 社会—经济—自然复合生态系统可持续发展的概念分析[M]. 北京：中国环境科学出版社，1999.

② 马世骏，王如松. 社会—经济—自然复合生态系统[J]. 生态学报，1984（1）：1–9.

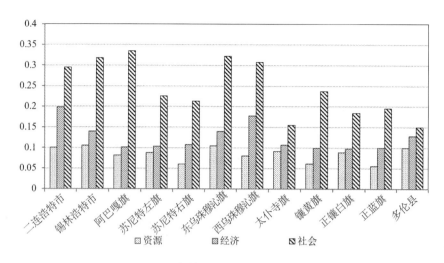

图5-12　各旗县市的可持续发展水平

表5-23　锡林郭勒盟可持续发展水平统计

类型	平均值	最大值		最小值	
资源可持续发展	0.084 8	0.105 5	锡林浩特市	0.055 2	正蓝旗
经济可持续发展	0.124 8	0.197 9	二连浩特市	0.097 5	正镶白旗
社会可持续发展	0.244 7	0.334 7	阿巴嘎旗	0.150 0	多伦县

　　锡林郭勒盟12个旗县市的SDI值普遍较低，其平均值为0.175 7，最大值为0.226 3（二连浩特市），最小值为0.127 5（太仆寺旗）。12个旗县市的可持续发展水平的排名为：太仆寺旗（0.127 5）＜多伦县（0.133 4）＜正蓝旗（0.137 9）＜正镶白旗（0.138 3）＜苏尼特右旗（0.149 8）＜镶黄旗（0.159 0）＜苏尼特左旗（0.160 2）＜阿巴嘎旗（0.211 9）＜锡林浩特市（0.220 2）＜西乌珠穆沁旗（0.221 9）＜东乌珠穆沁旗（0.222 4）＜二连浩特市（0.226 3），在空间上呈现西部低、东部高的特征。总体来说，锡林郭勒西部地区可持续发展水平较低，而东部地区相对较高（见图5-13）。

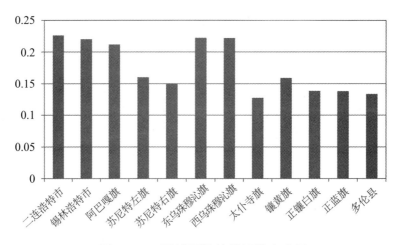

图5-13　区域可持续发展综合水平

利用区域可持续发展评价模型，将资源可持续发展、经济可持续发展及社会可持续发展指数进行叠加，最后获得可持续发展综合指数。为了将评价结果进行区分，本研究利用表5-22的标准将可持续发展综合指数分为五个等级，分别为可持续发展性很好、可持续发展性较好、可持续发展性中等、可持续发展性较差和可持续发展性很差，具体划分情况见表5-24。

表5-24　可持续发展综合水平等级划分

旗县市	可持续发展指数	等级
二连浩特市	0.226 3	可持续发展性较差
锡林浩特市	0.220 2	可持续发展性较差
阿巴嘎旗	0.211 9	可持续发展性较差
苏尼特左旗	0.160 2	可持续发展性很差
苏尼特右旗	0.149 8	可持续发展性很差
东乌珠穆沁旗	0.222 4	可持续发展性较差
西乌珠穆沁旗	0.221 9	可持续发展性较差

续表

旗县市	可持续发展指数	等级
太仆寺旗	0.127 5	可持续发展性很差
镶黄旗	0.159 0	可持续发展性很差
正镶白旗	0.138 3	可持续发展性很差
正蓝旗	0.137 9	可持续发展性很差
多伦县	0.133 4	可持续发展性很差

锡林郭勒盟的12个旗县市可持续发展综合水平以可持续发展很差和可持续发展较差两个等级为主。二连浩特市、锡林浩特市、阿巴嘎旗、东乌珠穆沁旗和西乌珠穆沁旗属于可持续发展较差区域；苏尼特左旗、苏尼特右旗、太仆寺旗、镶黄旗、正镶白旗、正蓝旗和多伦县属于可持续发展很差区域。从工业化发展现阶段和区域PRED系统可持续发展状态可以看出，研究区目前还处于工业化初期阶段，仍然需要依赖矿产资源的开发利用来实现资金的积累和区域发展，也就是说，区域发展需要资源的支撑。同时目前可持续发展性很差，所以区域在未来发展过程应注重生态环境的保护和绿色空间管制，实施分区开发政策和战略，努力实现区域可持续发展。

四、人—地系统空间均衡发展模式

模式是指在一定区域在一定的发展历史条件之下具有独特的经济发展进程。区域发展模式是从长远和全方面的视角给予区域发展轨迹特征、发展路径、发展主导方向以及区域发展动力机制等；也就是说，与一定的区域生产力能力、一定的经济体制和区域经济发展战略相互适应，能够反映某个特定经济增长动力结构和经济增长目标的经济范畴，其本质就是能够推动区域经济增长的各种生产要素及其组合的方式。区域发展模式回答区域依赖的要素是什么，借助什么手段和通过什么途径来实现区域经济发展。区域经济发展过程中的生产要素、手段和途径的不同，导致区域增长质量和发展结果也各不相同。区域发展模式选择是在区域发展特点、发展现状及发展趋势分析的基础上，以区域发展目标为主要导向，建立区域主导产业和优势产业，带动区域产业结构转型优化及升级，促进区域社会经济的全面提升。不同区域发展潜力与生态环境承载能力组合类型在区域发展进程中如何实现扬长避短？根据区域自身条件的优势选择发展模式，适合区域发展的模式对实现区域发展空间均衡是非常重要的。选择区域发展模式应该遵循效益性、主导性和发展动态性，同时也要考虑它们之间的最佳组合及有效统一。

区域经济发展模式内涵中包含两个非常重要的内容，分别是区域特殊经济发展途径和发展制度的变迁。诺贝尔经济学奖获得者西蒙·史密斯·库兹涅茨和道格拉斯·诺斯提出"现代经济增长意义上的经济发展将引起社会经济结构的巨大改变，这种变化主要表现为区域工业化（产品的来源和资源的去处从农业活动转向非农业活动）和城镇化（城市和乡村之间的人口分布发生变化）过程"。综上所述，探讨区域发展模式就是研究区域特色经济发展途径及相匹配的制度政策。

区域发展模式对于区域选择发展道路至关重要，有必要重视区域开发与发展模式的选择，依据区域自身条件，并结合区域实情制定适合该区域发展的模式。锡林郭勒盟的开发与发展有其独特的自然环境及历史文化背景，区域开发与发展模式必须把特殊的自然生态环境和丰富资源优势凸显出来，综合分析区域发展的空间失衡原因、区域空间开发适宜性分区以及区域空间开发与保护需求，对区域空间均衡发展提出针对性的发展模式。如，生态空间与开发空间如何配置，针对研究区工业化空间与城市化空间背离情况如何发展城市空间与工业空间，等等。

（一）空间开发适宜性分区

本研究将每个格网单元的生态环境承载能力和区域发展潜力值排序为行和列，进行矩阵分类，将各评价空间单位划分为低潜力—高承载、低潜力—低承载、高潜力—低承载、高潜力—高承载四种类型，并用ArcGIS10.6进行空间可视化表达。从整体空间分布上看，适宜开发类型空间上呈明显的集聚现象。整体上，高潜力—低承载类型空间分布呈现"U"形；低潜力—低承载类型的空间分布呈现"T"形，而高潜力—高承载和低潜力—高承载的空间分布主要以斑块状为主。

根据研究区生态环境承载能力、煤炭资源开发强度及区域发展潜力，规划将来人口空间分布、经济空间布局、国土利用及城镇化与工业化空间格局。将锡林郭勒盟社会经济发展与生态环境保护功能进行细化，确定区域产业和区域主体功能空间定位，指明产业发展方向，合理安排开发强度，优化区域开发秩序，力求实施区域分功能开发政策，逐渐实现人—地系统的空间均衡发展格局（见表5-25）。

表5-25 区域发展潜力与生态环境承载能力组合类型

耦合矩阵类型	比重/%	主要分布地区
低潜力—高承载	13.535	西乌珠穆沁旗
低潜力—低承载	52.462	东乌珠穆沁旗和苏尼特左旗大部分地区、阿巴嘎旗北部地区
高潜力—低承载	28.982	二连浩特市、苏尼特右旗、正蓝旗、镶黄旗、太仆寺旗及正镶白旗南部地区
高潜力—高承载	5.021	锡林浩特市、多伦县

1.低潜力—高承载类型区域

该类型区域的生态环境基底条件较好，但是区域基础设施、区位条件等区域发展潜力较差，面积占研究区国土面积的13.535%，主要分布于西乌珠穆沁旗。该区域的发展应在不破坏生态红线的条件下强调开发优先，加大区域基础设施建设支撑能力，区域开发水平未达到饱和状态。

2. 低潜力—低承载类型区域

该类型区域的自然生态环境条件较差，且区域发展潜力不足。研究区1/2以上的国土属于"双底"状态，主要分布在东乌珠穆沁旗、苏尼特左旗大部分地区和阿巴嘎旗北部地区，呈现出"T"形分布特征，不适合大规模开发，应该以保护生态环境作为主要目标，引导并发展绿色产业，注重区域绿色空间的管制与保护。该区域作为重要的生态服务功能区域、生态环境极为敏感区域，禁止大规模的城镇化与工业化发展，以确保其生态产品的供给能力及生态环境的恢复。

3. 高潜力—低承载类型区域

该类型区域生态环境比较敏感脆弱，但拥有良好的区域发展潜力，主要分布于二连浩特市、苏尼特右旗、正蓝旗、镶黄旗、太仆寺旗及正镶白旗南部地区，占研究区的28.982%。该区域作为土地后备资源，将来可以进行管制性的适度开发，开发过程中要特别注意生态环境限制门槛，注意生态环境保护。

4. 高潜力—高承载类型区域

该类型区域主要分布在锡林浩特市、多伦县，仅占研究区的5.021%。该区域具备良好的生态环境条件和区域发展潜力，适宜进行大规模工业化和城镇化发展，且具备一定经济基础、较好的区位条件、集聚人口和产业条件，应该重点进行城镇化和工业化发展。通过产业和企业在空间上的规模化和多样化发展，产生区域集聚经济，促进循环经济和低碳经济发展，强化区域工业化和城镇化优势，大力支持新型产业，加强资源节约与管理，依托工业园区及资源禀赋基础，培养相关配套产业与企业，促进区域产业融合，优化与升级产业结构，实现区域产业与人口的空间快速集聚。城市产业作为城市经济功能实现的重要载体，利用产业集聚效应和辐射带动效应推动区域城镇的发展，使得城镇地区成为区域经济发展中的主要动力，在区域经济发展过程中扮演着"发动机"的角色。

（二）区域空间均衡发展模式

合理的区域发展模式是在充分掌握区域生态环境和社会经济空间的差异分析和区划的基础上，从自然条件、资源禀赋、区位条件及区域产业类型等方面出发，提出不同生态经济类型的可持续发展方向和区域资源持续利用策略，以期达到扬长避短、区域全面均衡可持续发展的目标。根据锡林郭勒盟生态环境承载能力和开发强度、区域发展潜力，可以将其分为三大类区域，分别是重点开发区、限制开发区及禁止开发区（见表5–26）。

表5–26　区域类型及发展战略

类型	资源承载力	发展潜力	内涵	发展方向
重点开发区	高	高	资源环境承载能力较强、经济和人口集聚条件较好的区域	改变经济增长模式，把提高增长质量和效益放在首位，提升参与全球分工与竞争的层次，逐步成为支撑全国经济发展和人口集聚的重要载体
限制开发区	低	中	资源环境承载能力较弱、大规模集聚经济和人口条件不够好，并关系到全国或较大区域范围生态安全的区域	加强生态修复和环境保护，引导超载人口逐步有序转移，逐步成为区域性的重要生态功能区
禁止开发区	低	低	依法设立的自然保护区域	依法实行强制性保护，严禁不符合主体功能定位的开发活动

1. 重点开发区

重点开发区是指具备较强的经济基础、城镇化水平、技术创新能力和较好的发展潜力，对区域协调发展意义较大，可成为落实区域发展总体战略重要支撑的城镇化地区。重点开发区包括锡林浩特和二连浩特市两个县级市和乌里雅斯太、满都宝拉格、额吉诺尔、巴音华、吉林高勒、巴拉嘎尔高勒镇等重点镇。其主要功能是在保护区域内的基本农田、森林、草原、湿地和水域等生态空间的前提下，为区域发展提供工业产品和服务类型的产品，集聚区域人口与经济。

锡林浩特市、东乌珠穆沁旗、西乌珠穆沁旗、正蓝旗和多伦县等位于研究区的中、东部，多属于典型草原地区，是重要的畜牧业基地，同时也是煤炭等矿产资源富集地区。该类地区将来发展中应以提高畜牧业发展和矿产资源开发为主，根据草原生产能力，科学测算合理的载畜量，积极建设人工草场，提高畜牧业抵御灾害的能力；基于丰富的矿产资源和交通、区位条件，借助振兴东北老工业基地战略的契机，建立东北地区重要的能源化工业基地和资源和能源后备区。根据重点开发区域特点的分析结果，新型城镇化和新型工业化、现代绿色畜牧业发展模式可以作为区域空间均衡、可持续发展模式（见图5-14和图5-15）。

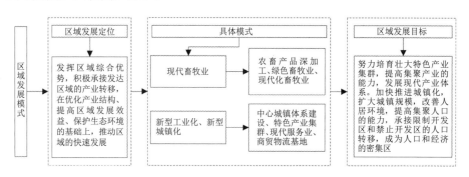

图5-14　重点开发区域发展模式

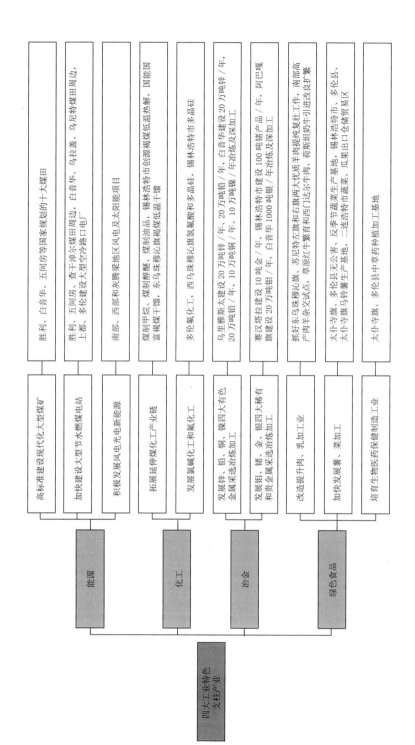

图5-15 四大工业特色支柱产业

2. 限制开发区

限制开发区是指资源环境承载能力较弱，大规模集聚经济和人口条件不够好，并关系到生态安全的区域。限制开发区主要包括阿巴嘎旗、太仆寺旗、正镶白旗、镶黄旗、正蓝旗、苏尼特左旗、多伦县和苏尼特右旗等地区组成的浑善达克沙漠化防治生态功能区，该区域属于大规模工业化和城镇化区域，为区域提供生态和农业产品，保障区域农业产品的供给和区域生态环境系统的稳定健康发展。该区域适合适度开发，在生态环境能够承载的情况下，可以发展相关产业和城镇建设。二连浩特市、苏尼特左旗及苏尼特右旗的自然条件相同，地理位置邻近，故将综合考虑区域可持续发展战略。该区域气候干旱，水资源匮乏，土地退化现象明显，草原畜牧业发展水平不高，所以应将生态环境保育和限制开发相结合（见图5-16）。二连浩特市是我国北方重要的口岸城市，应充分发挥区位优势条件，带动周边地区的发展。积极发展以进出口商品加工和边境贸易为主的低耗能产业，利用二连浩特市的国际物流、仓储中心和商品集散中心等条件，推进区域产业向第二、第三产业转移，减轻敏感区域的生态压力，促进草原生态环境的恢复。太仆寺旗位于锡林郭勒最南端，与河北省交界，距张家口150千米，距北京350千米，于1991年被列为自治区贫困旗，于1994年被列为国家级重点扶贫开发旗，于2011年再次被列为国家级重点扶贫开发旗。它地处阴山北麓、浑善达克沙地南缘，海拔1 300米~1 800米，年平均气温为2.4℃，年平均降水量近400毫米，无霜期100天左右。太仆寺旗生态环境状况对京津地区有直接影响[①]。当地的传统发展以农业为主，畜牧业为辅，现有耕地142万亩，林地154万亩，草场200万亩，是锡林郭勒盟重要的粮食生产基地。

---

① 杨蕴丽. 农牧交错带经济发展战略研究——以河北坝上为例[J]. 内蒙古财经学院学报，2006（5）：9-13.

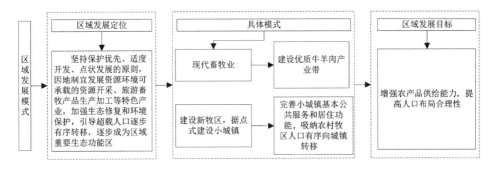

图5-16　限制开发区域发展模式

3. 禁止开发区

禁止开发区是依法设立的各类文化资源区域，禁止工业化和城镇化开发利用，需要强制性保护的区域。研究区内有国家级、自治区级、旗县级的自然保护区和森林公园等生态保护区（见表5-27）。阿巴嘎旗、镶黄旗和正镶白旗等旗县地处锡林郭勒中部，该地区气候干旱，年均蒸发量为2 700毫米，年均降水量为300毫米左右，植被覆盖度较低，生态环境相对敏感脆弱。畜牧业等第一产业的发展比较落后，矿产资源储量小，工业化发展进程相对缓慢。该地区将来应该把生态环境恢复与保育工作放在第一位，以适度发展经济为辅，充分利用优越的交通条件和区位优势，挖掘浑善达克沙地的丰富自然景观资源和察哈尔民俗人文旅游资源，适度发展生态旅游业（见图5-17）。

表5-27　锡林郭勒盟地区禁止开发区

禁止开发区	分布
国家级自然保护区	锡林郭勒草原国家级自然保护区
自治区级自然保护区	二连盆地恐龙化石自然保护区、锡林浩特市白音库伦遗鸥自然保护区、阿巴嘎旗浑善达克沙地柏自然保护区、苏尼特（都呼木柄扁桃）自然保护区、东乌珠穆沁旗贺斯格淖尔自然保护区、乌拉盖湿地自然保护区、西乌珠穆沁旗古日格斯台自然保护区、多伦县蔡木山自然保护区

续表

禁止开发区	分布
旗县级自然保护区	阿巴嘎黄羊—旱獭懒自然保护区、苏尼特左旗恩格尔河自然保护区、苏尼特左旗苏尼特盘羊自然保护区、正蓝旗乌和尔沁敖包自然保护区
国家级森林公园	东乌珠穆沁旗宝格达乌拉森林公园、多伦县三道沟林场滦河源国家森林公园
国家级地质公园	二连盆地白垩纪恐龙国家地质公园
国家重要湿地	乌拉盖湿地
重要水源地	锡林浩特市一棵树饮用水水源地、二连浩特市齐哈日格图水源地

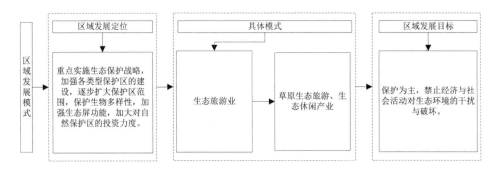

图5-17　禁止开发区域发展模式

五、人—地系统空间均衡发展路径选择

锡林郭勒盟矿产资源丰富，生态环境脆弱敏感，属于扮演双重角色的复合型区域，国家"能源安全"战略决定了其大范围开发利用煤炭资源的必然性，同时国家的"生态安全"战略又决定了其生态环境保护的必要性。随着工业化的快速发展，锡林郭勒盟在开发与保护之间形成尖锐的矛盾。能否解决这对先天矛盾，区域生态与社会经济发展的协调与否直接影响优化和调整区域经济结构、生态环境建设，对区域矿产资源合理开发利用和生态环境保

护具有迫切的现实意义和战略意义。针对锡林郭勒盟在矿产资源开发过程中出现的空间开发不适宜性，本研究提出以下对策：

（一）全面落实主体功能区划

在全国和自治区主体功能区规划中，实施分区域类型指导生态环境政策。锡林浩特市和二连浩特市作为两个重点开发区，要提高区域产业和人口空间集聚程度，严格控制污染物排放，加快工业化经济的绿色低碳转型。在限制开发区域的人口相对集中地区实施"点状开发"，严格控制建设用地的扩张。禁止开发区域要依法进行空间管制，禁止不符合区域主体功能定位的人类开发活动，实施区域人口向外有序转移。在生态重要功能区域实施草原保护制度和草畜平衡制度，加强推进区域生态环境建设工程，治理生态环境脆弱地区的荒漠化和水土流失现象，改善区域大气和水体质量。

（二）融入"一带一路"打造中蒙俄经济走廊

"一带一路"是丝绸之路经济带和21世纪海上丝绸之路的简称。伴随国家"一带一路"倡议的深入推进，中蒙俄合作关系呈现新变化，中蒙俄国际经济合作走廊正逐步成型，投资、贸易、生产要素西移北上的趋势日益明显。二连浩特市和珠恩嘎达布其口岸作为我国沿边开发的重要节点，在中蒙俄合作中承担着桥头堡的作用，为我们利用"两种资源、两个市场"，进一步扩大与俄罗斯、蒙古国的开放合作，加快构建开放型经济创造了条件。抓住机会，正确定位锡林郭勒盟资源富集生态敏感地区在丝绸之路建设中的位置和可能带来的综合效益，并加强中俄蒙经济带上各国家和地区的合作与交流，培养和发展多种创新人才，并最终实现社会经济和生态环境发展目标，使锡林郭勒盟成为北方草原丝绸之路乃至中国新的增长极，助力北方草原丝绸之路的全面崛起与复兴。

（三）构建分区域的政府绩效评价体系

政府绩效是指用来衡量政府实现其公共责任即公共管理与服务职能的能力、业绩、效果、效益和效率[①]。国内外关于政府绩效评价的研究主要是基于管理学的视角评价，而对区域属性的评价重视不够。政府绩效考核评价指标体系是政府绩效评价的依据和标准，构建一系列科学、合理的绩效评价体系是开展政府绩效评价的核心、关键和难点[②]。实现区域矿产资源开发与生态环境保护空间均衡目标，必须要有科学、规范、合理、可量化的绩效评价体系，不仅要有经济数量、经济增长速度指标，更要注重考虑经济增长的质量指标、社会效益指标、资源节约及环境保护指标。根据区域不同空间的煤炭资源产品和生态环境产品的不同组合，各地区的经济增长目标和生态环境保护目标是不同的，当地政府努力的方向也有所不同。依据不同空间的管制目标和要求，科学合理地制定和因地制宜地实施区域差异化的绩效评价体系和评价方法，具体见表5-28。

表5-28 不同区域类型的绩效评价对比

区域类型	优先评价	主要评价指标
优先开发区	经济发展指标为主，放宽人口和产业的管制约束，促进城镇化和工业化发展	GDP、非农产业比重、财政收入占GDP的比重、外来人口吸纳能力等
适度开发区		
适度保护区	生态保护指标为主，严格实行土地和投资的控制	公共服务设施发展水平、大气和水质质量、旅游开发水平、水土流失治理率、森林覆盖率、生物多样性指标等
优先保护区		

---

① 唐常春，刘华丹. 长江流域主体功能区建设的政府绩效考核体系建构[J]. 经济地理，2015（11）：36–44.

② 石富覃. 地方政府绩效评价指标体系设计的导向和原则研究[J]. 开发研究，2007（3）：140–143.

（四）区域协同发展拓展新空间

优化牧区城镇化空间布局，实施以"一主两副"[①]中心城市带动发展战略，锡林浩特市发挥盟府所在地的优势，通过新型城镇化建设和产业发展的辐射作用，带动东乌珠穆沁旗、西乌珠穆沁旗、阿巴嘎旗和乌拉盖管理区共同发展。根据该区域自身的基础条件，积极培育资源型产业带、城镇产业带和南部综合发展带三条发展带。其中北部的资源型产业带的最西面是二连浩特市，经过苏尼特左旗→阿巴嘎旗→锡林浩特市→西乌珠穆沁旗→东乌珠穆沁旗→乌拉盖管理区，东边与通辽市相连，该区域应该提高和培育煤炭、有色金属、石油等矿产资源的开发与利用等产业；南部的综合发展带主要依托良好的交通网络条件，联系二连浩特市和多伦县两个副中心城市，此基础上进一步发展正蓝旗、镶黄旗及多伦县的传统优势产业，积极参加京津冀地区经济体系；城镇产业综合发展带南接北京和天津，北连珠恩嘎达布其口岸，有利于加强产业园区建设，促进区域人口集聚，提高区域新型城镇化水平。

建立政府主导、市场驱动、企业主体的区域合作模式，在更广领域、更高层次深化区域合作与交流，全方位融入国家和自治区区域发展进程中。依托东北三省的西部地区与内蒙古东五盟市一体化发展战略，根据内蒙古自治区培育锡—赤—通、霍—乌—哈经济区规划布局，加强与周边盟市和地区的合作，促进资源共享，优势互补，打造整体发展优势。

1. 促进与京津冀的全面对接

推动京津冀协同发展是新时期国家施行的又一重大战略，核心是有序疏解北京非首都功能。锡林郭勒盟可充分发挥能源基地和原材料基地的作用，

---

① "一主两副"指的是以锡林浩特市为主中心、二连浩特市和多伦县为副中心，其他县域城关镇为骨干支撑，多中心带动、多节点支撑的新型城镇化空间格局。

有选择、有步骤地承接京津冀的产业转移，加快融入京津冀协同发展，从而获得更大的发展空间。同时，内蒙古自治区着力推动东部盟市完善内部合作机制，加快建设蒙东能源基地，培育锡—赤—通经济区，打造区域经济新增长极，为发挥资源和区位优势，进一步做大做强主导产业，提供了现实机遇和广阔空间。

锡林郭勒盟以南部的太仆寺旗和多伦县为主要战略点，加强与北京市、天津市、承德市和张家口等邻近地区的经济联系，且基于丰富的自然资源和土地资源等方面的优势，有效承接北京非首都功能和发达地区的经济活动转移。依赖邻近京津冀地区大市场的优势，努力发展特殊农牧产业，成为京津冀地区的优质蔬菜和畜牧产品供应基地。抓住北京和张家口市奥运会筹办之机，主动加深与京津冀地区的旅游产业合作和协作，突出蒙元文化、草原休闲的旅游主题，积极发展跨境旅游、冬季观光休闲旅游项目，与周边地区形成两条旅游环状线路，分别是：①北京市—张家口市—太仆寺旗—正蓝旗—多伦县—河北承德市—北京市；②北京市—乌兰察布集宁市—赛汉塔拉镇—二连浩特市—苏尼特左旗—锡林浩特市—太仆寺旗—张家口市—北京市。

锡林郭勒与京津冀地区全面对接不仅应考虑产业融合发展，同时还应着力实施生态共享。努力争取更多的国家政策和资金的支持，协调推进与京津冀地区的跨省域生态补偿，建立区域生态补偿机制。在沙地生态环境治理、林业生态环境建设等方面合作共建，以"三北"防护林为支撑，建设生态廊道网络体系，改善区域自然生态环境。同时重视滦河水系环境的治理，积极推进跨区域、跨流域水环境联合保护和防治水环境污染，以此提高区域生态环境风险防范能力。除此以外，锡林郭勒盟与京津冀地区推进技术合作，两个地区之间在企业、职业院校及科研单位联合发展相关技术研究，共同申请国家重点科技计划和重点产业化项目，共同建设科研机构、工程中心、实验基地等。锡林郭勒盟充分发挥资源丰富、生态环境的支撑能力，与京津冀地区开展生物技术和信息技术研发和发展合作，并且依托国家煤电基地，拓展与京津冀地区的节能环保的合作。

2. 促进与周边盟市优势互补

协调锡林郭勒盟与周边地区的旅游业发展，打破区块分割现象，整合区域整体旅游资源，有利于推进东部原生态蒙元文化草原旅游区、中部马文化草原旅游区、西部纯生态边境旅游区和南部三都皇家草原旅游区四大区域板块的旅游合作。锡林郭勒盟积极推进融入内蒙古呼包鄂旅游协作区和赤—通—锡旅游区的发展中，努力打造"锡林浩特市—西乌珠穆沁旗—克什克腾旗—锡林浩特市"草原精品旅游环线。同时，它还借助二连浩特和珠恩嘎达布其两个主要口岸的优势条件，发展开放型经济，为区域经济发展创造新的增长极。

（五）优化产业空间布局，大力打造生态产业

锡林郭勒盟是我国北方典型的草原生态区域，从生态角度看，它既是北方生态屏障，又是牧区发展后盾；从经济上讲，它既可以作为西部畜产品集散基地，又可以向东部沿海地区输送畜产品；从能源资源角度讲，它既是西部矿产资源富集地区，又是东部沿海地区的能源输送地；因此锡林郭勒盟在中国经济、社会发展和生态环境保护方面的战略地位非常重要。

（六）政府创新管理与高效服务，打造制度优势

政府在创新管理和高效服务体系建设中积极发挥自身优势，同时完善市场环境与发展保障，逐渐创造比较良好的投资环境，为企业提供政策支持与服务。深入探索制度创新，重点打造制度优势，使之能够与市场经济体制

相融合，高效发挥效用。针对区域内不同类型旗县市制定不同政策，使其与该类型区发展特征相适应，逐步形成局部适度倾斜且整体公平合理的政策体系。

（七）差别化区域政策深入实施

为了释放不发达地区的发展潜力，缩小区域发展空间差异性，国家大力实施西部大开发、振兴东北及边疆民族地区的发展等战略。锡林郭勒要充分发挥政策优势，着力形成资金、人才、技术等生产要素流入的洼地，为地区增强后发优势、实现跨越式发展提供更大可能。

第六章

结　论

锡林郭勒盟属于典型生态环境脆弱敏感矿产资源富集复合型区域，既是国家重要的生态安全保障区域，又是国家重要的能源供应基地，在社会经济发展过程中扮演着"生态安全"和"能源安全"双重角色。目前，锡林郭勒盟正处于能源基地建设的起步阶段和工业化、城市化加速期，发展势头强劲。但长期粗放式增长带来的结构性矛盾仍然突出，资源型产业比重大，服务业比重低，产业布局分散、结构单一的问题十分明显，中小企业和非公有制经济发展严重不足，区域经济发展还很不均衡。

本研究重点考虑区域经济、社会、生态环境、矿产资源禀赋条件的空间差异性，构建锡林郭勒盟生态环境承载能力、矿产资源开发强度评价体系，系统地进行定量评价生态品和工业品空间配置；在此基础上讨论开发适宜性等级的空间分布格局，反思传统区域发展模式，逐步实现区域可持续发展思想及相关发展战略，适度保护和合理有序开发矿产资源，以保障人类生存和区域可持续发展，并尝试着回答"锡林郭勒地区生态环境保护空间在哪里？城镇化发展空间在何处？如何合理配置脆弱生态环境保护空间与矿产资源开发空间，使得典型复合型空间的开发与保护区域平衡？"等问题；讨论锡林郭勒盟空间失衡状态及其失衡机理，提出生态敏感区（域）人—地系统空间均衡发展模式及路径选择。

一、基本结论

本研究选用典型生态敏感区（域）——锡林郭勒盟，以如何解决好生态环境脆弱性与矿产资源开发必要性这一先天矛盾为目的，系统地研究了矿产资源开发对区域经济社会及生态环境的影响，在此基础上评价了区域空间开发适宜性和开发强度，构建了空间供给能力与开发强度空间耦合矩阵来度量空间失衡状态，并深入探讨区域开发空间失衡机制，结合典型区域开发模式及研究区特殊区情提出了相应路径，对于生态敏感区（域）人—地系统空间均衡发展和生态环境保护建设具有迫切的现实意义与深远的战略意义。

通过以上分析与研究，本研究得出以下几个方面的主要结论：

（1）对区域发展空间均衡内涵进行重新梳理和定义。传统经济学的空间均衡就是空间经济的供应与需求的均衡。本研究通过梳理区域发展空间均衡的相关研究，对空间均衡下了定义，空间均衡是指地区社会经济发展开发利用活动与生态环境保护活动两者之间的活动和物质品的空间匹配及其空间组合。

（2）锡林郭勒盟资源开发利用对经济发展和人口城镇化具有明显的促进作用，未出现资源诅咒现象，但缺乏产业支撑，未能有效带动城镇化的质量提升。利用2005—2015年的12个截面单位11年的面板数据集，运用固定效应模型进行估计，结果表明研究区经济发展水平与资源开发利用之间存在相关关系，且拟合优度高，即锡林郭勒盟经济发展过程中矿产资源开发利用发挥了非常重要的作用，2005—2015年未出现资源诅咒现象。通过人口城镇化与经济发展和原煤产量的相关性的分析，得出煤炭资源开发利用是区域人口城镇化的动力之一，两者之间的相关性系数为0.925 5，并通过显著性检验。通过建立综合评价区域城镇化水平的指标体系，对城镇化水平进行综合分析，目前城镇化发展极为不平衡，空间分异特征明显。牧区矿产资源开发现阶段属于矿产资源的初级开采利用阶段，没有足够的就业岗位及劳动密集型产业支撑，区域工业化与城镇化之间未能形成有效互动。

（3）锡林郭勒盟煤炭资源开发利用对草原植被和牧区传统文化的破坏和冲击巨大。煤炭资源绝大部分适合以露天形式开采，大面积开发将使脆弱生态环境雪上加霜。通过矿产资源开发利用与草原植被变化的相关分析得出，开矿等人类活动对草原植被的负向响应面积约占19.348%，主要分布于西乌珠穆沁旗和东乌珠穆沁旗。矿区内的植被覆盖度残差率值小于外围缓冲区的值，随着离矿中心的距离变大，植被覆盖度残差斜率值越大。通过典型地区的问卷调查和深度访谈发现，草原地区的矿产资源开发利用给草原牧区的社会文化带来了改变，改变了牧区的生计方式、养畜模式、饮食结构、传统习惯及民族风情等方面。

（4）锡林郭勒煤炭资源开发强度整体水平较低，空间分布整体上呈东部高、西部低、南部高、北部低的空间特征。本研究选择了开发广度、经济密度、人口密度及环境压力等方面构建区域矿产资源开发强度评价模型来评价煤炭资源开发强度，结果显示，矿产资源开发强度主要以低度开发为主，约占研究区面积的39.296%，而高强度和次高强度开发区分别占研究区面积的1.211%和16.181%，分布于二连浩特市、东乌珠穆沁旗、锡林浩特市和西乌珠穆沁旗。

（5）锡林郭勒生态敏感性整体上较高，分布规律为从东向西由低到高过渡排列的特征。本研究选择土壤侵蚀敏感性、盐渍化敏感性和土地荒漠化敏感性等评价因子，构建生态敏感性评价模型，采用GIS空间分析技术，测算生态敏感性指数，结果显示，生态敏感性主要以中度敏感为主，占全盟面积的42.938%，分布在中西部的大部分地区和东部的部分地区，在太仆寺旗、多伦县、正蓝旗、正镶白旗等旗县中占比较高；生态极敏感类型的空间分布呈相对集中格局，而其他等级的敏感性的空间分布比较分散。生态敏感性空间分布与研究区的自然环境条件的空间差异性基本吻合，即生态敏感性空间分布格局的形成中自然环境条件的空间差异性发挥着决定性作用。

（6）锡林郭勒盟生态敏感性与煤炭资源开发强度空间失匹配现象明显，

而制度安排是空间失匹配的根源因素。本研究通过空间匹配度模型来分析生态敏感性与煤炭资源开发强度的空间关联和空间匹配度，可以判断空间匹配的状态。总体上看，空间相对匹配，21.067%的区域属于轻度失衡区域，其均衡度指数为0.4~0.5，约1 088平方千米的区域属于重度失衡，但西乌珠穆沁旗、锡林浩特市及东乌珠穆沁旗等地区存在开发过多现象。研究区51.610%的区域属于开发不足区域，将来的发展中应注重生态空间供给，降低煤炭资源开发强度；多伦县等地区存在局部空间开发不足而导致空间失匹配的现象，该类型地区可以适度加强开发强度。在工业化初级发展中的大范围开发冲动是区域发展空间失匹配的根本原因。锡林郭勒盟处在工业化初期阶段，为了满足快速发展的城镇化和工业化需求，大规模开发矿产资源来实现区域资本的原始积累。人类对区域人地关系协调发展的认识程度、资源和生态环境价值的认识不足、利用方式不当和利用能力有限等均是导致空间开发不足或空间开发过度的客观原因。制度阻碍是制约空间均衡发展的最重要的因素。过度工业化倾向以及资源环境市场发育、财税和政绩考核体系、政府竞争行为等制度安排均是区域发展空间失衡的主观因素。

（7）锡林郭勒盟空间开发适宜性较低，需要限制开发甚至禁止开发。区域空间开发格局的形成与发展必须从因地制宜思想出发，遵循区域自然环境、社会经济发展规律及空间差异性，合理安排和确定各类功能区的空间布局及发展方向。根据生态环境承载能力与区域发展潜力的评估，建立区域空间开发适宜性评价模型，并对区域进行适宜性分区，提出区域发展战略方向。空间开发适宜性高值区和次高值区分别占10.416%和28.889%，主要分布在二连浩特市、锡林浩特市和西乌珠穆沁旗的部分地区和南部旗县的部分地区。空间开发低值区和次低值区分别占17.096%和18.75%，主要分布在阿巴嘎旗北部和东乌珠穆沁旗。生态环境承载能力和区域发展潜力的不同空间组合分为低潜力—高承载、高潜力—低承载、高潜力—高承载和低潜力—低承载四个类型，整体空间分布上呈有明显的空间集聚现象。以国土空间开发适宜性综合评价为基础，科学划分重点开发区、限制开发区和禁止开发区，在此基础上合理定位各类型区域功能导向：重点开发区应加快推进新型城镇化和工业化发展；限制开发区域应该以现代牧业发展和生态保护为主要发展方向；禁止开发区域作为重要的生态服务功能区，禁止大规模空间开发活动，注重区域绿色空间的管制和保护。

（8）要实现区域空间均衡状态下的空间适宜性开发模式，则需要促进以工业化开发为主导的政策制度向以注重可持续发展为主导特征的发展制度安排转移。区域发展模式的变迁中需要完整的、系统的、引导和管制性质强的制度支持，主要包括：科学合理地制定和因地制宜地实施区域差别化的绩效评价体系；建立政府主导、企业主体及市场驱动的区域协作模式，拓展区域协同发展的新空间；全面落实主体功能区划，实施分区域分类型指导的生态环境政策；积极融入"一带一路"打造中蒙俄经济走廊；依据不同空间的管制目标和要求，优化生态空间布局，大力建设生态友好产业；深入实施差别化区域政策；创造制度优势，与市场经体系融合，提高政府创新管理和高效服务能力。

二、主要贡献

传统的区域空间开发注重区域经济发展均衡研究，忽略了区域经济发展和区域社会、生态环境之间的关系，很少涉及综合性和系统性的研究。本研究在收集大量数据的基础上，运用定量与定性相结合的方法，从区域经济学视角出发，以区域人地关系为主要落脚点研究生态敏感区（域）——锡林郭勒盟空间均衡发展模式，在区域矿产资源开发强度和草原生态环境支撑能力空间组合视角下，综合探讨区域可持续发展空间均衡的问题，并产生了以下几个方面的创新点：

（1）研究区域特点为煤炭资源富集、生态环境脆弱，两者具有保障国家"能源安全""生态安全"的现实意义与战略意义。而在国家工业化的大背景下，两者存在开发与保护的尖锐矛盾。本研究首次以生态安全与能源安全"并存区"为研究对象，为区域发展注入了全新内涵。

（2）首次尝试将经济学的均衡概念引入生态环境保护空间与煤炭资源开发空间的均衡研究中，综合考虑区域自然资源禀赋条件、区位条件、社会经济发展水平及生态环境承载能力等因素，充实了区域发展空间均衡理论，并从区域发展空间均衡的视角研究人地关系协调发展的机理，揭示了开发与保护的空间均衡问题，提出了基于生态保护与矿产资源开发利用的区域发展空间均衡的范式。

（3）首次尝试定量评价区域矿产资源开发强度研究。主体功能区划研究中通常以区域建设用地的比重值来定量区域开发强度大小。本研究选择了矿产资源开发广度指数、人口容量指数、经济密度指数及草原植被破坏程度等指标来反映区域矿产资源开发强度，提出的煤炭资源开发强度概念对于完善"主体功能区"中的开发强度概念具有一定参考价值。

（4）提出的生态敏感性与煤炭资源开发强度的空间耦合类型具有空间差异性，将在不同耦合类型区划分的基础上寻求生态空间与开发空间的均衡点，有一定的创新性。

（5）本研究将数据综合集成方法引入区域生态环境承载能力、区域矿产资源开发强度及区域空间供给能力评价领域，融合气象数据、遥感数据和社会经济统计数据等多源数据，将所有数据最基本的空间单元设定为1千米×1千米的格网尺度，对传统的以行政单元为最小研究区域的方法进行更新，使得研究的尺度在空间上进一步细化，从而更为有效地揭示行政单元内部的空间差异，得到更符合地理要素的实际空间分布，有助于认识和分析区域地理要素的状态，尤其是实现社会经济因素和自然因素的空间尺度的统一。

三、遗留问题

（1）空间地理数据格网化的空间尺度选定和社会经济数据的空间格网化方法的问题。地理空间要素在不同空间尺度上所表达的信息存在差别，空间尺度选定的不合理会造成信息丢失、信息歪曲等后果。研究中所有基础地理信息数据的空间单元大小定为1千米×1千米的格网尺度，由于数据限制研究中未能做到对数据空间尺度大小进行验证。关于社会经济统计数据空间化方法进行大量的探索性研究，也取得了丰富成果，但是目前还没有一个方法能真实地表达出社会经济要素的空间分布。

（2）由于数据及理论支撑的限制，未能就矿产资源开发与地下水资源之间影响过程及机理展开深入研究，将来需要结合地下水位的动态检测数据和地表水资源变化程度量化研究矿产资源开发对区域水资源的影响机理和影响过程。

（3）空间失衡的因素有很多，既包含主观因素，又包含客观因素。本研究中侧重考虑了制度因素，尤其将工业化发展过程中的大范围开发冲动作为区域发展空间失衡的根本原因，这种特殊的形式是由我国社会经济发展独特阶段所决定的。探究区域发展空间失衡机理分析，需要考虑其地域性及阶段性，即不同地区或不同时间段的空间失衡原因是不同的。

参考文献

一、专著

[1] 陈雯. 空间均衡的经济学分析[M]. 北京：商务出版社，2008：43–49.

[2] Pearson D W. Partner in Development: Report of Commission on International Development[M]. New York: Praeger, 1969.

[3] ANTY P M. Pattern of Development, Resource, Policy and Economic Growth[M]. London: Edward Arnold, 1995.

[4] 国务院. 中国21世纪议程——中国21世纪人口、环境与发展白皮书[M]. 北京：中国环境科学出版社，1995.

[5] 刘卫东. 经济地理学思维[M]. 北京：科学出版社，2013.

[6] 郝寿义. 区域经济学原理[M]. 上海：上海人民出版社，2007.

[7] 金相郁. 中国区域经济不均衡与协调发展[M]. 上海：上海人民出版社，2007.

[8] 安虎森. 空间经济学原理[M]. 北京：经济科学出版社，2005.

[9] 刘燕华. 生态环境综合整治与恢复技术研究（第二集）[M]. 北京：科学技术出版社，1995.

[10] 约翰斯顿. 哲学与人文地理学[M]. 北京：商务出版社，2010.

[11] 包亚明. 后现代性与地理学的政治[M]. 上海：上海教育出版社，2001.

[12] 海山. 内蒙古牧区人地关系演变及调控问题研究[M]. 呼和浩特：内蒙古出版社，2013.

[13] 余新晓，郑江坤，王友生. 人类活动与气候变化的流域生态水文响应[M]. 北京：科学出版社，2013.

[14] 许学强，周一星，宁越敏. 城市地理学[M]. 北京：高等教育出版社，1997.

[15] 杰拉尔德，马尔腾 G. 人类生态学——可持续发展的基本概念[M]. 北京：商务出版社，2012.

[16] 内蒙古自治区经济社会发展报告2006[M]. 呼和浩特：内蒙古教育出版社，2007.

[17] 张宝堃，朱岗昆. 中国气候区划草案[M]. 北京：科学出版社，1959.

[18]　刘易斯. 经济增长理论[M]. 北京：商务出版社，1996.

[19]　沈国航. 中国环境问题院士谈[M]. 北京：中国纺织出版社，2001.

[20]　邱宛华. 管理决策与应用熵学[M]. 北京：机械工业出版社，2002.

[21]　徐建华. 现代地理学中的数学方法[M]. 北京：高等教育出版社，2002.

[22]　冯为民. 西德鲁尔区[M]. 太原：山西人民出版社，1982.

[23]　齐建珍. 区域煤炭产业转型研究[M]. 沈阳：东北大学出版社，2002.

[24]　李旭祥. 中国北方及其毗邻地区人居环境科学考察报告[M]. 北京：科学出版社，2015.

[25]　HOLLIS B S. Industrialization and Growth: A Comparative Study[M]. New York: Oxford University Press, 1986.

[26]　曲剑午. 中国煤炭市场发展报告（2011）[M]. 北京：社会科学出版社，2012.

[27]　毛汉英. 人地关系与区域可持续发展研究[M]. 北京：中国科学技术出版社，1995.

[28]　赵景柱. 社会—经济—自然复合生态系统可持续发展的概念分析[M]. 北京：中国环境科学出版社，1999.

二、期刊论文

[1]　樊杰，洪辉. 现今中国区域发展值得关注的问题及其经济地理阐释[J]. 经济地理，2012（1）：1–6.

[2]　CHENERY H B. Comparative Advantage and Development Policy[J]. American Economic Review, 1961（51）: 18–51.

[3]　WARR P G. Comparative and Competitive Advantage[J]. Asian Pacific Economic Literature, 1994（8）: 1–14.

[4]　ROMER P M. The Origins of Endogenous Growth[J]. Journal of Economic Perspectives, 1994（5）: 3–22.

[5]　叶初升，孙永平. 论发展经济学的贫困情结[J]. 发展经济学论坛，2004（1）：68–77.

[6]　吴传钧. 论地理学的研究核心——人地关系地域系统[J]. 经济地理，1991（3）：1–6.

[7]　郑度. 21世纪人地关系研究前瞻[J]. 地理研究，2002（1）：9–13.

[8]　陆大道. 关于地理学的"人—地系统"理论研究[J]. 地理研究，2002（2）：135–145.

[9]　钱学森. 谈地理科学的内容及研究方法（在1991年4月6日中国地理学会"地理科学"讨论会上的发言）[J]. 地理学报，1991（3）：257–265.

[10]　王爱民，缪磊磊. 地理学人地关系研究的理论评述[J]. 地球科学进展，2000（4）：415–420.

[11]　黄大学. 人地关系理论发展与人地关系教育[J]. 沙洋师范专科学报，1999（1）：65–67.

[12]　吴传钧. 地理学的特殊研究领域和今后任务[J]. 经济地理，1981（1）：5–10.

[13]　董自鹏，余兴，李星敏，等. 基于MODIS数据的陕西省气溶胶光学厚度变化趋势与成因分析[J]. 科学通报，2014（3）：306–316.

[14]　吴云. "人地关系"理论发展历程及其哲学、科学基础[J]. 沈阳教育学院学报，2000（1）：96–99.

[15]　乔家君. 区域人地关系定量研究[J]. 人文地理，2005（1）：81–85.

[16]　邓光奇. 西部人地关系矛盾及其化解[J]. 未来与发展，2003（5）：48–51.

[17]　龚建华，承继成. 区域可持续发展的人地关系探讨[J]. 中国人口·资源与环境，1997（1）：11–15.

[18]　香宝. 人—地系统演化及人地关系理论进展初探——一个案例研究[J]. 人文地理，1999（S1）：68–71.

[19]　成岳冲. 历史时期宁绍地区人地关系的紧张与调适——兼论宁绍区域个性形成的客观基础[J]. 中国农史，1994（2）：8–18.

[20]　魏晓. 湖南省未来人地关系与人口承载量研究[J]. 经济地理，1999（6）：41–45.

[21]　白俊超. 我国西汉至建国前的人地关系状况分析[J]. 经济问题探索，2007（2）：187–190.

[22]　陈印军. 四川人地关系日趋紧张的原因及对策[J]. 自然资源学报，1995（4）：380–388.

[23]　任美锷. 地理学——大有发展前景的科学[J]. 地理学报，2003（1）：2.

[24]　丁兆运. 人地关系协调发展的途径探讨[J]. 枣庄师专学报，2001（4）：50–54.

[25] 马暕，姬长龙，张义珂，等. 中国西部地区土地利用变化聚类分析[J]. 中国人口·资源与环境，2012（S1）：149–152.

[26] 李红. 基于区域分工理论的广东经济发展战略思考[J]. 吉林师范大学学报（自然科学版），2010（2）：70–74.

[27] 吕鸣伦，刘卫国. 区域可持续发展的理论探讨[J]. 地理研究，1998（2）：20–26.

[28] 赵景柱，梁秀英，张旭东. 可持续发展概念的系统分析[J]. 生态学报，1999（3）：105–110.

[29] 牛文元. 可持续发展理论的内涵认知——纪念联合国里约环发大会20周年[J]. 中国人口·资源与环境，2012（5）：9–14.

[30] 丁任重，李标. 马克思的劳动地域分工理论与中国的区域经济格局变迁[J]. 当代经济研究，2012（11）：27–32.

[31] 于印超. 论劳动地域分工理论与区域经济地理学[J]. 冀东学刊，1995（3）：54–55.

[32] LIST J. Have Air Pollution Emission Converged among U.S. Regions Evidence from Unit Root Tests[J]. Southern Economic Journal, 1999, 55（1）：144–155.

[33] DING X H，ZHONG W Z，ZHANG S X. Impact of Urbanization on the Spatial Sustainability of A City–A Case Study of Yantai[J]. Advanced Materials Research, 2012: 524–527.

[34] 王昱，王荣成. 我国区域生态补偿机制下的主体功能区划研究[J]. 东北师大学报（哲学社会科学版），2008（4）：17–21.

[35] 彭晓亮. 基于区域发展空间均衡模型的主体功能区定位研究[J]. 中南大学研究生学报，2009（4）：43–46.

[35] 邓文英，邓玲. 生态文明建设背景下优化国土空间开发研究——基于空间均衡模型[J]. 经济问题探索，2015（10）：68–74.

[36] 郝大江. 区域经济增长的空间回归——基于区域性要素禀赋的视角[J]. 经济评论，2009（2）：127–132.

[37] 樊杰，李平星. 中国主体功能区划的科学基础（英文）[J]. Journal of Geographical Sciences, 2009（5）：515–531.

[38] 崔世林，龙毅，周侗，等. 基于元分维模型的江苏城镇体系空间均衡特征分析[J]. 地理科学，2009（2）：188–194.

[39] 张明东，陆玉麒. 长三角城市空间均衡性分析[J]. 人民长江，2008（15）：7–9.

[40] 赵学彬. 基于空间均衡格局下的长沙市城市空间发展战略研究[J]. 城市发展研究，2010（11）：34–40.

[41] 邓春玉. 基于主体功能区的广东省城市化空间均衡发展研究[J]. 宏观经济研究，2008（12）：38–45.

[42] 杨伟民，袁喜禄，张耕田，等. 实施主体功能区战略，构建高效、协调、可持续的美好家园——主体功能区战略研究总报告[J]. 管理世界，2012（10）：1–17.

[43] 马国霞，甘国辉. 区域经济发展空间研究进展[J]. 地理科学进展，2005（2）：90–99.

[44] EDWARD H, ZIEGLER J. 城市分区与土地规划：大小美国的大型都市[J]. 国外城市规划，2005，20（3）：60–63.

[45] DAVIDSON A J. Progress in Research on Land Evaluation in Canada[J]. Soil Survey and Land Evaluation, 1994, 4（3）: 13–15.

[46] HENRIK S, ROBIN B, FRANK S. Strategic Environmental Assessment for the Coastal Areas of the Karas and Hardap Regions[J]. Water Environmental Health, 2009（9）: 18–19.

[47] SUDABE J, NARGES Z. Land Suitability Analysis Using Multi Attribute Decision Making Approach[J]. International Journal of Environmental Science and Development, 2010, 5（1）: 441–445.

[48] 孙伟，陈雯. 市域空间开发适宜性分区与布局引导研究——以宁波市为例[J]. 自然资源学报，2009（3）：402–413.

[49] 黄杏元. 地理信息系统支持区域土地利用决策的研究[J]. 地理学报，1993（2）：114–121.

[50] 丁建中，陈逸，陈雯. 基于生态——经济分析的泰州空间开发适宜性分区研究[J]. 地理科学，2008（6）：842–848.

[51] 姜开宏，陈江龙，陈雯. 比较优势理论与区域土地资源配置——以江苏省为例[J]. 中国农村经济，2004（12）：16–21.

[52] 王静，程烨，刘康，等. 土地用途分区管制的理性分析与实施保障[J]. 中国土地科学，2003（3）：47–51.

[53] 金志丰，陈雯，孙伟，等. 基于土地开发适宜性分区的土地空间配置——以宿迁市区为例[J]. 中国土地科学，2008（9）：43-50.

[54] 宗跃光，王蓉，汪成刚，等. 城市建设用地生态适宜性评价的潜力——限制性分析——以大连城市化区为例[J]. 地理研究，2007（6）：1117-1126.

[55] 梁涛，蔡春霞，刘民，等. 城市土地的生态适宜性评价方法——以江西萍乡市为例[J]. 地理研究，2007（4）：782-788.

[56] 黄慧萍. 应用GIS技术研究广东省海岸带湿地资源与环境[J]. 热带地理，1999（2）：83-88.

[57] 陈燕飞，杜鹏飞，郑筱津，等. 基于GIS的南宁市建设用地生态适宜性评价[J]. 清华大学学报（自然科学版），2006（6）：801-804.

[58] 王介勇，刘彦随，张富刚. 海南岛土地生态适宜性评价[J]. 山地学报，2007（3）：290-294.

[59] 陈炳禄，陈新庚，吴群河. 湛江市土地利用生态适宜性评价[J]. 中山大学学报（自然科学版），1998（S2）：221-224.

[60] 翟腾腾，郭杰，欧名豪. 基于相对资源承载力的江苏省建设用地管制分区研究[J]. 中国人口·资源与环境，2014（2）：69-75.

[61] 赵可，张安录，李平. 城市建设用地扩张的驱动力——基于省际面板数据的分析[J]. 自然资源学报，2011（8）：1323-1332.

[62] 刘冬荣，彭佳捷，吕焕哲，等. 区域建设用地开发强度时空格局分析——以湖南省为例[J]. 中国国土资源经济，2016（7）：53-59.

[63] 赵亚莉，刘友兆，龙开胜. 长三角地区城市土地开发强度特征及影响因素分析[J]. 长江流域资源与环境，2012（12）：1480-1485.

[64] BETTINA M. Socio-Economic Assessment of Haida Gwaii, Queen Charlotte Islands Land Use Viewpoints [J]. Commissioned by the Integrated Land Management Bureau, Coast Region Ministry of Agriculture and Lands, 2006.

[65] KEIL D, MEYER A. Influence of Land-Use Intensity on the Spatial Distribution of N-cycling Microorganisms in Grassland Soils[J]. FEMS Microbiology Ecology, 2011（77）：95-106.

[66] LECHTERBECK J, KALIS A J. Evaluation of Prehistoric Land Use Intensity in the Rhenish Loessboerde by Canonical Correspondence Analysis a Contribution to Lucifs [J]. Geomorphology, 2009（108）：138-144.

[67] CHRISTINA D. Rhode Island Land Suitability Analysis for Development Intensity and Conservation[J]. Rhode Island Statewide Planning Program. 2009（17）：23–29.

[68] 周炳中. 长江三角洲地区土地资源开发强度评价研究[J]. 地理科学，2000（3）：218–223.

[69] 王利，韩增林，李博. 基于VM–MapInfo的区域开发强度测算研究——以大连市为例[J]. 地理科学，2008（6）：736–741.

[70] 张秀彦，朱庆杰，王志涛. 灾害危险性评价的唐山市土地开发强度信息系统[J]. 河北理工学院学报，2007（2）：140–144.

[71] 尧德明，陈玉福，张富刚，等. 海南省土地开发强度评价研究[J]. 河北农业科学，2008（1）：86–87.

[72] 谭雪晶，姜广辉，付晶，等. 主体功能区规划框架下国土开发强度分析——以北京市为例[J]. 中国土地科学，2011（1）：70–77.

[72] 石崧，宁越敏. 人文地理学"空间"内涵的演进[J]. 地理科学，2005（3）：3340–3345.

[73] 陈逸，黄贤金，陈志刚，等. 中国各省域建设用地开发空间均衡度评价研究[J]. 地理科学，2012（12）：1424–1429.

[74] 李涛，曹小曙，黄晓燕. 珠江三角洲交通通达性空间格局与人口变化关系[J]. 地理研究，2012（9）：1661–1672.

[75] 格·孟和. 论蒙古族草原生态文化观[J]. 内蒙古社会科学（文史哲版），1996（3）：41–45.

[76] 吴琳娜，杨胜天，刘晓燕，等. 1976年以来北洛河流域土地利用变化对人类活动程度的响应[J]. 地理学报，2014（1）：54–63.

[77] 刘纪远，匡文慧，张增祥，等. 20世纪80年代末以来中国土地利用变化的基本特征与空间格局[J]. 地理学报，2014（1）：3–14.

[78] 刘纪远，张增祥，庄大方. 二十世纪九十年代我国土地利用变化时空特征及其成因分析[J]. 中国科学院院刊，2003（1）：35–38.

[79] 欧阳志云，王效科，苗鸿. 中国生态环境敏感性及其区域差异规律研究[J]. 生态学报，2000（1）：10–13.

[80] 李东梅，吴晓青，于德永，等. 云南省生态环境敏感性评价[J]. 生态学报，2008（11）：5270–5278.

[81] 刘康，欧阳志云，王效科，等. 甘肃省生态环境敏感性评价及其空间分布 [J]. 生态学报，2003（12）：2711–2718.

[82] 潘峰，田长彦，邵峰，等. 新疆克拉玛依市生态敏感性研究（英文）[J]. Journal of Geographical Sciences，2012（2）：329–345.

[83] 潘峰，田长彦，邵峰，等. 新疆克拉玛依市生态敏感性研究[J]. 地理学报，2011（11）：1497–1507.

[84] 焦菊英，王万忠. 中国的土壤侵蚀因子定量评价研究[J]. 水土保持通报，1996（5）：1–20.

[85] 王海梅. 锡林郭勒盟荒漠化状况的时空变化规律分析[J]. 安徽农业科学，2012（13）：7839–7841.

[86] 杨光梅，闵庆文，李文华. 锡林郭勒草原退化的经济损失估算及启示[J]. 中国草地学报，2007（1）：44–49.

[87] 闫志辉. 内蒙古锡林郭勒盟退化与沙化草地现状及治理对策[J]. 现代农业科技，2014（8）：232–236.

[88] 孙倩，塔西甫拉提·特依拜，丁建丽，等. 干旱区典型绿洲土地利用/覆被变化及其对土壤盐渍化的效应研究——以新疆沙雅县为例[J]. 地理科学进展，2012（9）：1212–1223.

[89] AUTY R M. Mineral Wealth and the Economic Transition:Kazakstan[J]. Resources Policy, 1998，24（4）: 241–249.

[90] SACHS J D. Natural Resource and Economic Development: The Curse of Natural Resources[J]. European Economic Review, 2001（45）: 827–838.

[91] GYLFSSON T. Nature, Power and Growth, Scottish Journal of Political Economy[J]. Scottish Economic Society，2001，48（5）: 558–588.

[92] PAPYRAKIS E. Resource Abundance and Economic Growth in the United States[J]. European Economic Review, 2007（51）: 1011–1039.

[93] 徐康宁，韩剑. 中国区域经济的"资源诅咒"效应:地区差距的另一种解释[J]. 经济学家，2005（6）：97–103.

[94] 李雪梅，张小雷，杜宏茹，等. 矿产资源开发对干旱区区域发展影响的动态计量分析——以新疆为例[J]. 自然资源学报，2010（11）：1823–1833.

[95] 李天籽. 自然资源丰裕度对中国地区经济增长的影响及其传导机制研究[J]. 经济科学，2007（6）：66–76.

[96] 徐盈之，胡永舜. 内蒙古经济增长与资源优势的关系——基于"资源诅咒"假说的实证分析[J]. 资源科学，2010（12）：2391–2399.

[97] 邵帅，杨莉莉. 自然资源丰裕、资源产业依赖与中国区域经济增长[J]. 管理世界，2010（9）：26–44.

[98] 徐康宁，王剑. 自然资源丰裕程度与经济发展水平关系的研究[J]. 经济研究，2006（1）：78–89.

[99] 李生彪，杨旭升. 基于多元回归模型的甘肃省CPI影响因素分析[J]. 甘肃科学学报，2012（4）：152–155.

[100] 黄悦，李秋雨，梅林，等. 东北地区资源型城市资源诅咒效应及传导机制研究[J]. 人文地理，2015（6）：121–125.

[101] SACHS D, WARNER M. The Curse of Natural Resources[J]. European Economic Review，2001，45（4）：827–838.

[102] 阎莉，张继权，王春乙，等. 辽西北玉米干旱脆弱性评价模型构建与区划研究[J]. 中国生态农业学报，2012（6）：788–794.

[103] 赵昉. 我国矿产资源开发与环境治理探讨[J]. 中国矿业，2003（6）：9–13.

[104] 辛继升. 矿产资源开发对生态环境影响因素分析——以甘肃矿产资源开发为例[J]. 中国地质矿产经济，2001（6）：24–27.

[105] LI A. Distinguishing between Human-Induced and Climate-Driver Vegetation Changes: A Critical Application of RESTREND in Inner Mongolia[J]. Landscape Ecology, 2012（27）：969–982.

[106] 李惠敏，刘洪斌，武伟. 近10年重庆市归一化植被指数变化分析[J]. 地理科学，2010（1）：119–123.

[107] 马娜，胡云锋，庄大方，等. 基于遥感和像元二分模型的内蒙古正蓝旗植被覆盖度格局和动态变化[J]. 地理科学，2012（2）：251–256.

[108] 佟斯琴，包玉海，张巧凤，等. 基于像元二分法和强度分析方法的内蒙古植被覆盖度时空变化规律分析[J]. 生态环境学报，2016（5）：737–743.

[109] 王永芳，张继权，马齐云，等. 21世纪初科尔沁沙地沙漠化对区域气候变化的响应[J]. 农业工程学报，2016（S2）：177–185.

[110] 穆少杰，杨红飞，李建龙，等. 内蒙古植被覆盖度的时空动态变化及其与气候因子的关系（英文）[J]. Journal of Geographical Sciences，2013（2）：231–246.

[111] STOW, HOPE. Variability of the Seasonally Integrated Normalized Difference Vegetation Index across the North Slope of Alaska in the 1990s[J]. International Journal of Remote Sensing，2003，24（5）：1111–1117.

[112] 龙慧灵，李晓兵，王宏，等. 内蒙古草原区植被净初级生产力及其与气候的关系[J]. 生态学报，2010（5）：1367–1378.

[113] 吴仁吉，康萨如拉，张庆，等. 锡林河流域羊草草原植被分异的驱动力[J]. 草业学报，2017（4）：15–23.

[114] TAN H M. Exploring the Relationship between Vegetation and Dust–Storm Intensity (DSI) in China[J]. Journal of Geographical Science, 2016（4）：387–396.

[115] TAN H M. Does the Green Great Wall Effectively Decrease Dust–Storm Intensity in China? A Study Based on NOAA NDVI and Weather Station Data[J]. Land Use Policy, 2015（43）：42–47.

[116] TAN H M. Intensity of Dust-Storms in China from 1980 to 2007: A New Definition[J]. Atmospheric Environment，2014（85）：215–222.

[117] 白淑英，吴奇，沈渭寿，等. 内蒙古草原矿区土地退化特征[J]. 生态与农村环境学报，2016（2）：178–186.

[118] 卓义，于凤鸣，包玉海. 内蒙古伊敏露天煤矿生态环境遥感监测[J]. 内蒙古师范大学学报（自然科学汉文版），2007（3）：358–362.

[119] CLARK P J. Distance to Nearest Neighbor as a Measure of Saptial Relationships in Populations[J]. Ecology, 1954, 35（4）：445–453.

[120] 魏建兵，肖笃宁，解伏菊. 人类活动对生态环境的影响评价与调控原则[J]. 地理科学进展，2006（2）：36–45.

[121] QUAN R C, WEN X J. Effect of Human Activities on Migratory Waterbirds at Lashihai Lake[J]. Biological Conservation，2002（108）：273–279.

[122] 赵涛. 德国鲁尔区的改造——一个老工业基地改造的典型[J]. 国际经济评论，2000（Z2）：37–40.

[123] 冯春萍. 德国鲁尔工业区持续发展的成功经验[J]. 石油化工技术经济，2003（2）：47–52.

[124] 张米尔，孔令伟. 资源型城市产业转型的模式选择[J]. 西安交通大学学报（社会科学版），2003（1）：29–31.

[125] 唐常春，孙威. 长江流域国土空间开发适宜性综合评价[J]. 地理学报，2012

（12）：1587–1598.

[126] 刘通，王青云. 我国西部资源富集地区资源开发面临的三大问题——以陕西省榆林市为例[J]. 经济研究参考，2007（8）：49–50.

[127] 邓明艳. 可持续发展与区域PRED系统[J]. 陕西师范大学学报（自然科学版），1998（1）：101–104.

[128] 曹凤中. 美国的可持续发展指标[J]. 环境科学动态，1997（2）：5–8.

[129] 王海燕. 论世界银行衡量可持续发展的最新指标体系[J]. 中国人口·资源与环境，1996（1）：43–48.

[130] 崔灵周，李占斌，曹明明，等. 陕北黄土高原可持续发展评价研究[J]. 地理科学进展，2001（1）：29–35.

[131] 沈镭，成升魁. 青藏高原区域可持续发展指标体系研究初探[J]. 资源科学，2000（4）：30–37.

[132] 甄江红. 内蒙古区域可持续发展评价研究[J]. 内蒙古师范大学学报（自然科学汉文版），2006（2）：238–242.

[133] 赵多，卢剑波，闵怀. 浙江省生态环境可持续发展评价指标体系的建立[J]. 环境污染与防治，2003（6）：380–382.

[134] 张学文，叶元煦. 黑龙江省区域可持续发展评价研究[J]. 中国软科学，2002（5）：84–88.

[135] 乔家君，李小建. 河南省可持续发展指标体系构建及应用实例[J]. 河南大学学报（自然科学版），2005（3）：44–48.

[136] 王好芳，董增川，左仲国. 区域复合系统可持续发展指标体系及其评价方法[J]. 河海大学学报（自然科学版），2003（2）：212–215.

[137] 李天星. 国内外可持续发展指标体系研究进展[J]. 生态环境学报，2013（6）：1085–1092.

[138] 张科静，黄朝阳. 资源富集型县域经济可持续发展评价分析——以准格尔旗为例[J]. 农村经济与科技，2017（1）：176–178.

[139] 刘锴，杜文霞，刘桂春，等. 大连市可持续发展水平测度[J]. 城市问题，2015（4）：45–51.

[140] 吴琼，王如松，李宏卿，等. 生态城市指标体系与评价方法[J]. 生态学报，2005（8）：2090–2095.

[141] 马世骏，王如松. 社会—经济—自然复合生态系统[J]. 生态学报，1984

（1）：1–9.

[142] 杨蕴丽. 农牧交错带经济发展战略研究——以河北坝上为例[J]. 内蒙古财经学院学报，2006（5）：9–13.

[143] 唐常春，刘华丹. 长江流域主体功能区建设的政府绩效考核体系建构[J]. 经济地理，2015（11）：36–44.

[144] 石富覃. 地方政府绩效评价指标体系设计的导向和原则研究[J]. 开发研究，2007（3）：140–143.

三、学位论文

[1] 樊福卓. 区域分工：理论、度量与实证研究[D]. 上海：上海社会科学院，2009.

[2] 陈德安. 区域经济非均衡增长的可持续性研究[D]. 天津：天津大学，2004.

[3] 刘颖. 空间经济视角下地区非均衡发展问题研究[D]. 沈阳：辽宁大学，2009.

[4] 哈斯巴根. 基于空间均衡的不同主体功能区脆弱性演变及其优化调控研究[D]. 西安：西北大学，2013.

[5] 许熙巍. 生态安全目标导向下天津市中心城区用地优化研究[D]. 天津：天津大学，2012.

[6] 陈秋明. 基于生态—经济的无居民海岛开发适宜性研究[D]. 厦门：厦门大学，2009.

[7] 王昊宇. 新疆建设用地开发强度与生态环境容量匹配度评价研究[D]. 乌鲁木齐：新疆农业大学，2016.

[8] 孙晓宇. 海岸带土地开发利用强度分析——以粤东海岸带为例[D]. 北京：中国科学院地理科学与资源研究所，2008.

[9] 梁若皓. 矿产资源开发与生态环境协调机制研究[D]. 北京：中国地质大学，2009.

[10] 刘敦利. 基于栅格尺度的土地沙漠化预警模式研究[D]. 乌鲁木齐：新疆大学，2010.

[11] 陈逸. 区域土地开发度评价理论、方法与实证研究[D]. 南京：南京大学，2012.

[12] 汪时辉. 河北省区域经济可持续发展指标体系与评价研究[D]. 保定：华北电

力大学，2005.

四、论文集

[1]　包广静. 基于人地关系理论的区域土地持续利用规划探讨[C]. 中国广西南宁，2006.

五、报纸文章

[1]　杨伟民. 北京上海开发强度超东京伦敦约一倍[N]. 中国经济导报，2012–03–31（B1）.

六、网络文献及其他

[1]　锡林郭勒盟行政公署政务门户网站，http://www.xlgl.gov.cn/.

[2]　锡林郭勒统计局. 锡林郭勒盟统计年鉴. 北京：中国邮政出版社，2006.

[3]　内蒙古自治区锡林郭勒盟东乌珠穆沁旗政府官网.

[4]　http://sh.house.ifeng.com/detail/2014_10_12/50060123_0.shtml.

[5]　Indicators of Sustainable Development Framework &Methodologies[R]. New York: Development, UN Commission on Sustainable, 1996.

[6]　中国可持续发展战略报告[R]. 北京：中国科学院可持续发展研究组，2001.

附表：锡林郭勒盟主要煤矿概况

建设地点名称	项目名称	建设开发项目业主	
锡林浩特市	胜利西一号露天矿	神华集团有限公司	
	胜利东二号露天矿	大唐国际发电股份有限公司	
	胜利西二号露天矿东区	内蒙古能源发电投资有限公司	
	胜利西二号露天矿西区	锡林浩特煤矿	
	胜利东三号露天矿		
	胜利西三号露天矿	内蒙古蒙能锡林热电公司	
	胜利东一号露天矿		
苏尼特左旗	白音乌拉芒来露天矿	芒来矿业有限责任公司	
	白音乌拉赛汉塔拉露天矿	小白杨矿业有限责任公司	
	白音乌拉赛汉塔拉矿井		
阿巴嘎旗	达安煤矿		
	那仁宝力格矿井		
	吉日嘎朗图煤矿		
	查干淖尔一号矿井	河北峰峰集团冀中能源有限公司	
	查干淖尔二号矿井	河北峰峰集团冀中能源有限公司	
	查干淖尔三号矿井	河北峰峰集团冀中能源有限公司	
西乌珠穆沁旗	白音华一号露天矿	平庄煤业	
	白音华二号露天矿	中电投资集团	
	白音华三号露天矿	霍煤集团	
	白音华四号露天矿	阜新海州矿业	
	宝日胡硕露天矿	西乌珠穆沁旗宝日胡硕煤炭有限公司	
	吉林郭勒二号露天	辽宁春成集团	
东乌珠穆沁旗	额和宝力格煤田额吉煤矿	大唐华银	
	贺斯格乌拉露天矿	内蒙古锡林河煤化工公司	
	农乃庙鲁新矿井	内蒙古鲁新能源开发有限责任公司	
	乌尼特包日呼硕煤矿	锡林郭勒国鑫矿业有限责任公司	
正蓝旗	正蓝旗黑城子煤田	北方联合电力益蒙矿业有限公司	
镶黄旗	镶黄旗石匠山煤矿	镶黄旗塬林煤矿	

注：数据来源于锡林郭勒盟煤矿开发规划材料，作者整理归纳。

资源储量/亿吨	建设规模（年生产原煤）/万吨	计划总投资/亿元	已完成投资/亿元	开工时间
22	2 000	29.7	23.8	2005年
59.64	6 000	121	41.3	2007年
5.017	240	7		
5.2	2 000	17.4		
	2 000	27	8	2012年
	300	9	4.85	2008年
	2 000	27		2012年
	1 000	13	9.3	2008年
	800	20	13	2011年
	400	13	8	2014年
	120	2.5		2009年
	800	26		2013年
	300	5		2011年
	800	25		2010年
	400	15		2013年
	400	15		2015年
7.39	700	20	22.6	2009年
8.47	1 500	67.5	52.7	2007年
12.78	1 400	58	28	2005年
6.78	500	16.8	23	2006年
0.37	120	2.8	3.8	2005年
17	1 800	63	14.53	2010年
2.9	300	5.54		
13.95	1 500	25	25.3	2006年
	500	18	11.85	2008年
	800	26.54	24.54	2011年
5.47	300	12.4	5.9	
0.13	30	0.7	0.4	

国家自然科学基金（42001127）

内蒙古自治区本级引进高层次人才科研支持项目研究成果

内蒙古师范大学高层次人才引进项目（2018YJRC007）